Schriftenreihe des
Österreichischen Wasserwirtschaftsverbandes
Heft 20

Vom älteren Flußbau in Österreich

Von

Dipl.-Ing. F. Baumann
Wien

Mit 10 Textabbildungen

Springer-Verlag Wien GmbH
1951

Herausgegeben als Veröffentlichung aus dem Studienkreis der Österreichischen Elektrizitätswirtschafts A. G.

ISBN 978-3-211-80226-7   ISBN 978-3-7091-2446-8 (eBook)
DOI 10.1007/978-3-7091-2446-8

Inhaltsverzeichnis.

Vorwort.

Die vorliegende Arbeit erinnert an ein Gebiet des Wasserbaues, das weder durch Propaganda noch durch großartige Bauten — wie wir sie etwa bei den Energiebauten als erste Generation sinnfällig und eindrucksvoll erleben — in Erscheinung tritt.

Es ist daher an der Zeit, daß diese für die österreichische Wasserwirtschaft wie Volkswirtschaft so wichtige Tätigkeit der Wasserbauverwaltung in schematischen Darstellungen, wie der vorliegenden, der Öffentlichkeit bekanntgemacht wird. Dies ist auch deshalb erforderlich, weil damit gleichzeitig ein Nachweis der aufgewendeten bedeutenden Mittel gegeben wird. Möge diese Arbeit daher Auftakt zu einer regen Berichtstätigkeit sein, in der neben dem Technischen sowohl der historischen Entwicklung wie dem jeweils einschlägigen Literatur- und Quellennachweis die wünschenswerte Beachtung geschenkt wird.

Wien, im April 1951.

Dr. Ing. **B. Ramsauer**
Leiter der Sektion Wasserbau
im BM. für Land- und Forstwirtschaft

Einleitung.

Die Österreicher sind wieder einmal dabei, ihr Land instand
zu setzen. Da mag es sich geziemen, auch der Leistung jener
kurz zu gedenken, die mit der Instandsetzung des Gewässer-
netzes in Österreich begonnen haben. Es soll daher eine mög-
lichst gedrängte Übersicht über ältere Regulierungsarbeiten in
Umrissen skizziert werden[1].

Von den Vorkehrungen, die in alter Zeit an größeren Gewässern seitens der Anrainergemeinschaften gegen Wassergefahr und durch die Landesherren für die Schiffahrt getroffen
worden sind (z. B. Rheinwuhre, Traunklausen, Nußdorfer Strombauten), sind nur noch jene an der Traun erhalten geblieben.
Einzelne Namen sind aus jener Zeit bekannt, so G a s t e i g e r
(16. Jahrhundert, Nußdorfer Bauten) und S e e a u e r (16. Jahrhundert, Traun). Im 18. Jahrhundert haben Ingenieuroffiziere,
unter ihnen A n g u i s s o l a, B r e q u i n und S t r u p p i, wasser-
bauliche Erwägungen angestellt. Mit der Errichtung der Bau-
direktionen in Österreich (5. Mai 1788) haben Regulierungsarbeiten neuerlich eingesetzt, und zwar mit Sprengungen im
Struden, das ist in der Donaustrecke abwärts Grein. Ein
rascherer Baufortschritt ist erst ab 1850, dem Jahr der Errichtung der General-Baudirektion zur technisch-administrativen
Leitung des Baudienstes in der vormaligen Monarchie, zu verzeichnen gewesen. Dieser Fortschritt ist durch verschiedene
Maßnahmen des Gesetzgebers, die im Wasserbautenförderungs-
gesetz 1948 ihren derzeitigen Abschluß gefunden haben, gesichert worden. Mit der Disposition der Arbeiten war ein kleiner
Kreis gewiegter Kenner befaßt, von welchen für das 19. Jahrhundert — abgesehen von N e g r e l l i, der vorübergehend bei der

---

[1] Hiebei sind unvorgreiflich einer Darstellung von berufener Seite
auch die ersten Wildbachverbauungsarbeiten erwähnt, weil das Ge-
wässernetz eine Einheit ist. Hingegen sind die Hydrographie, Schiff-
fahrtsinteressen, Bauten an und in Gewässern für andere als Regulierungszwecke sowie Brückenbauten nicht berücksichtigt.

Wasserbauverwaltung in Vorarlberg beschäftigt gewesen ist —
etwa Schemerl, Wex (Donaudurchstich Wien) und Weber-
Ebenhof (March) genannt werden mögen; die Wildbachverbauung war u. a. durch Duile und Wang vertreten.

In nunmehr etwa 170jähriger, anfänglich in langen Zeit-
abständen durchgeführter Arbeit ist der derzeitige Zustand erreicht worden. Er ist in Veröffentlichungen aus Anlaß der in
der Zeit vom 15. bis 17. Oktober 1936 in Wien abgehaltenen
Tagung für Wasserbau und Wasserwirtschaft an einigen Bei-
spielen dargestellt worden, es wird darauf verwiesen. Eine
systematische Ergänzung dieser Darstellungen würde einen
sinnfälligen Überblick ermöglichen und die Verwendung der
Wasserbaukredite erläutern.

„öffentliche“ Mittel sind für Regulierungszwecke schon vor Jahrhunderten zur Verfügung gestellt worden. So haben die Erzbischöfe
von Salzburg im 16. Jahrhundert für den Beginn von Regulierungs-
und Entsumpfungsarbeiten im oberen Salzachgebiet Beiträge geleistet,
um 1311 hat die römische Königin Elisabeth den „wilden Fall“ an der
Traun oberhalb Lambach schiffbar machen lassen, Räumungsarbeiten
im Wiener Donaukanal sind durch Rechnungen 1377 nachgewiesen
u. a. mehr. Gelegentliche Staatsbeihilfen an Gemeinden, z. B. für
Rheinwuhre, sind schon im 18. Jahrhundert gewährt worden. Es ist
jedoch unmöglich, den für Regulierungsarbeiten in älterer Zeit er-
gangenen Aufwand festzustellen; diese Bauten sind, wie erwähnt, zumeist nicht mehr vorhanden.

Eine ungefähre Ermittlung dieses Aufwandes vom Beginn des
19. Jahrhunderts bis zum ersten Weltkrieg ergibt:

Donaustrombauten aus den Jahren ....1818 bis 1849 6   Mio fl.
    Pasetti vergleicht 1862 diese Ziffer mit dem etwa
    gleich hohen Aufwand 1850/1861 und bemerkt hiezu,
    daß der jährliche Betrieb in dieser Zeit mindestens
    doppelt so stark gewesen wäre, wie jener im Zeit-
    abschnitt 1818/1849. „Wenn auch die nach dem
    Jahre 1850 eingetretene Verteuerung aller Erfor-
    dernisse die Bauten der späteren Epoche kostspieliger
    als jene der früheren machte, so wurde dies sicher
    durch die vereinfachte Gebarung und die vorteil-
    haftere Ausführung der Arbeiten aufgewogen.“

Donaustrombauten aus den Jahren.....1849 bis 1900 71,206 Mio fl.
    (hievon 1870 bis 1882 in der 26,5 km langen Strecke
    Nußdorf—Fischamend 30,6 Mio fl.)
Innregulierung in Oberösterreich ....1853 bis 1897 1,663 Mio fl.
Innregulierung in Tirol................1876 bis 1900 0,890 Mio fl.
                                    Übertrag... 79,759 Mio fl.

Übertrag... 79,759 Mio fl.

Salzachregulierung in Oberösterreich....1853 bis 1897 0,526 Mio fl.
Salzachregulierung in Salzburg.........1856 bis 1897 1,500 Mio fl.
Traunregulierung 19. Jahrhundert.......... bis 1898 1,673 Mio fl.
Ennsregulierung in den Jahren ....1864 bis 1893 0,790 Mio fl.
Murregulierung in den Jahren ....1875 bis 1891 3,564 Mio fl.
Drauregulierung in Kärnten ....1884 bis 1893 2,500 Mio fl.
Drauregulierung in Tirol ....1883 bis 1888 0,621 Mio fl.
Gailregulierung in den Jahren ....1876 bis 1895 1,639 Mio fl.
Rheinregulierung in den Jahren........1848 bis 1894 3,775 Mio fl.

Zusammen... 96,347 Mio fl.

Bzw. rund 100 Mio fl. bis zur Jahrhundertwende.

Aus dem Meliorationsfonds und aus der Kreditpost „Meliorationen" sind nach Angaben zur Ausstellung „50 Jahre öffentlicher Wasserbau" bei der Wiener Frühjahrsmesse 1934 für das nunmehrige Staatsgebiet bis Ende 1918 — weitaus überwiegend für Flußregulierungen und Wildbachverbauungen — 175 Mio Goldkronen zur Verfügung gestellt worden. Diesem Betrag sind noch Beiträge aus den Mitteln der Länder und der Beteiligten zuzuschlagen, um den Aufwand zu erhalten. Schätzt man hiefür nur 75 Mio K, was einem 70%igen Staatsbeitrag entsprechen würde, so ergibt sich bis 1918 ein Aufwand von 250 Mio K. Schließlich unter Berücksichtigung der obigen Liste ein Gesamtaufwand in der Größenordnung von etwa 0,5 Mia K bis zum ersten Weltkrieg.

Es wäre selbstverständlich verhängnisvoll, wollte man die wirtschaftliche Bedeutung der Angelegenheit unterschätzen, geschweige denn außer acht lassen.

Die Donau.

Die Stromlänge in Österreich, das ist von Engelhartszell bis Theben, mißt 348 km, als „Normalbreiten" sind angesehen worden: zwischen Inn und Enns 233 m, sodann 300 m und ab Wien 380 m. Die effektiven Breiten weichen zum Teil erheblich hievon ab, sie sind zumeist größer. Das Niederwassergerinne ist in Niederösterreich 170 bis 200 m breit, die Entfernung je zweier Furten beträgt in diesem Lande im Mittel 1,7 km. In Oberösterreich ist das mittlere Gefälle 0,45‰, in Niederösterreich bei Mittelwasser etwa 0,34 bis 0,50‰.

Die oberste Gewässerstrecke von größerem Interesse ist das Aschacher Kachlet (Kachlet, Gehächel, Gehäckel bedeutet: zerhackter Fließzustand). Das Gefälle beträgt bis 1,5‰. Die in der zweiten Hälfte des 19. Jahrhunderts ausgeführte Mittelwasserregulierung hatte keinen ausreichenden Erfolg, so daß — abgesehen von Räumungsarbeiten — eine Niederwasserregulierung auf 150 m Breite vorzusehen war, um

1*

durch Gewinn einer zusätzlichen Wassertiefe von insgesamt 40 cm
eine für die Schiffahrt geforderte Tiefe von 2,0 m zu erreichen.

Das Projekt für den Bau eines Winterhafens und die Regulierung der Donau auf Niederwasser bei Linz ist am 10. Dezember 1895 verhandelt worden. Vorgesehen war eine Hafenfläche von 4 ha mit einer Tiefe von 2 m unter dem tiefsten
Niederwasserstand in Linz. Mit dem Bau wurde im Mai 1897
begonnen, er war 1900 für eine Hafenfläche von 6,5 ha beendet.
In Linz sind vom Oktober 1889 bis zum Herbst 1892 ausgeführt
worden: rechtsufrig stromaufwärts der Strombrücke auf 680 m
Länge eine Lände für Ruderschiffe, ein 1,4 km langes Leitwerk
linksufrig stromab der Brücke, eine Kaimauer rechtsufrig
stromab der Brücke mit Auffüllung des vormaligen „Fabrik-
arms“, Baggerungen (809.000 m³) im Stromprofil, insbesondere
in der Soldatenau, Regulierung des Strombettes auf 250 m
Breite.

Der Struden (vgl. Abb. 1). Dort war aus geologischer Zeit
eine Stromstrecke verblieben, bei welcher zwei Schiffahrtshindernisse zu unterscheiden waren: „Im Struden“ war das Strombett
mit Felszacken gänzlich besät, bei Niederwasser war der Abfluß
kaskadenartig, die Schiffahrt war nur bei höherer Wasserführung möglich. Die drei Abflußgerinne im Struden heißen
Strudenkanal, Wildriß und Waldwasser. Unweit stromabwärts
hievon befand sich der Hausstein im Strombett nächst des
rechten Ufers. Durch diesen Fels entstand eine Querströmung
zum linken Ufer; hiedurch und durch Rückflut hatten sich neben
dem Hausstein großer trichterförmige Wirbel ausgebildet. Ihre
Tiefe betrug bei höherer Wasserführung bis 1,8 m, daher war die
Schiffahrt in diesem Falle besonders gefährdet, die linksufrige
Einbuchtung hatte die Bezeichnung „Freithof“. Überdies liegt
die ganze Stromstrecke in einer unübersichtlichen Krümmung.

Im Mittelalter, wo trotz des naturbelassenen Flußregimes
der Schiffsverkehr dem unsicheren Straßenverkehr vorgezogen
worden ist, war im Struden eine Maut an die Kühnringer zu
entrichten. Sie hatten auf der Wörther Insel (Werd, alte Bezeichnung für Insel, auch für Inseln abwärts Nußdorf) und bei
Struden eine Burg, am Haustein und am Langenstein einen
Warteturm. Diese Anlagen sind im 13. Jahrhundert durch
Rudolf I. gebrochen worden, sodann wurde eine landesfürst-
liche Maut eingehoben. Der ersten Mautordnung (8. Juni 1523)
folgte unter Leopold I. am 16. Juni 1679 das später aufgehobene
Mautamt Struden. Am 20. Jänner 1770 erließ die Navigations-
direktion unter Maria Theresia eine Schiffahrtsordnung, die ab

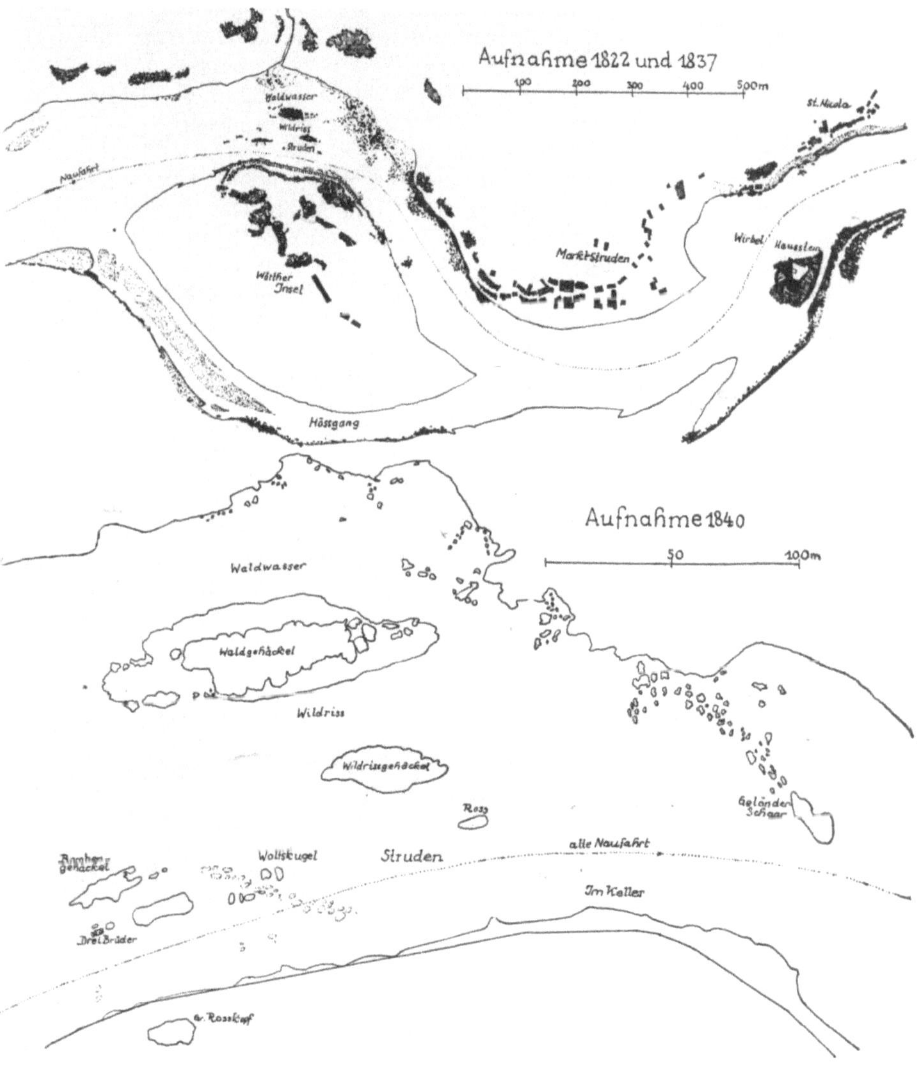

Abb. 1. Struden 1822, 1837, 1840 (Monatsschrift für den öffentlichen Baudienst 1895).

3. Mai 1846 durch eine von der oberösterreichischen Landesregierung erlassene Schiffahrtsordnung abgelöst worden ist.

Im Jahre 1777 hat wegen vieler Schiffsunglücke eine Lokalverhandlung stattgefunden. Sodann sind vom Dezember 1777 bis 1782 an der Wolfskugel Sprengungen ausgeführt worden. Wegen den aus Mangel an Erfahrung hiebei entstandenen Felsklüften waren die nachfolgenden Sprengarbeiten erschwert, sie wurden 1788 fortgesetzt. Nach weiteren Sprengungen 1821 bis 1839 und ab 1842 stand 1854 im Strudenkanal ein Gerinne von 32 m Breite und 1,9 m Tiefe „unter Null" zur Verfügung. Die Sprengung des Hausteins bis 1,9 m unter Null begann am 18. August 1854, jene im Waldwasser am 21. Oktober 1855, beide Arbeiten waren 1866 beendet. Der Freithof ist mit dem Felsmaterial vom Haustein zugeschüttet worden. In den Jahren 1890 bis 1898 ist das oberwähnte Schiffahrtsgerinne auf 80 m Breite und 3 m Tiefe vergrößert worden.

Beigefügt wird, daß die Ortsbezeichnung „Bombengehächel" die sich bei den Anrainern erhalten hatte, durch Funde von Bomben und Kanonenkugeln erklärt ist, die bei Felsräumungsarbeiten im Februar 1891, Dezember 1893 und Jänner 1895 gemacht worden sind. Diese Geschoße stammten von Kugelschiffen, die der Salzburger Erzbischof Max Gandolf anläßlich der zweiten Türkenbelagerung Wiens zur Verfügung gestellt hatte und die anfangs August 1683 zum Teil oder gänzlich im Struden zugrunde gegangen sind.

Für die weitere Donaustrecke mit Ausnahme der unmittelbaren Umgebung von Wien mag bemerkt werden:

Schon 1688 hatte Hauptmann Ing. Leander A n g u i s s o l a einen Plan für die Regulierung der Donau von Höflein bis Wien verfaßt.

In den Jahren 1785 bis 1787 ist der Hubertsche Damm linksufrig von Langenzersdorf bis gegenüber der Abzweigung des Donaukanales errichtet worden. Dieser Damm wurde beim Hochwasser am 1. November 1787 (Allerheiligen-Hochwasser) durchbrochen, eine Erneuerung ist bis 1849 unterblieben. Im Jahre 1848 ist die „schwarze Lacke" abgesperrt und der Hubertidamm an ihrer Mündung geschlossen worden.

Bis 1818 haben sowohl in Oberösterreich als auch in Niederösterreich nur lokale, d. h. vereinzelte und unsystematisch angelegte Schutzbauten neben notdürftigen Treppelwegen bestanden. Diese Wege (Leinpfade) waren in den Gebirgsstrecken Jahrhunderte alt.

In den Jahren 1819 bis 1830 war eine Diskussion über die Bauverfahren (Längs- oder Querbauten, Faschinen- oder Steinmaterial, Formen und Abmessungen der Bautypen) im Gange. In den Jahren 1817 bis 1819 ist eine Aufnahme des Donaustromes im Maßstab

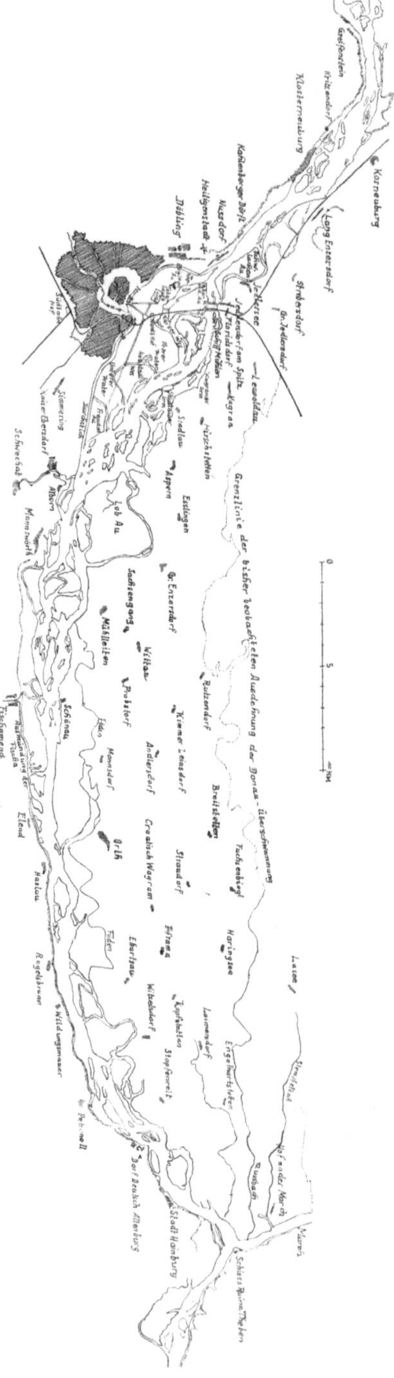

Abb. 2. Donau-Greifenstein-Hainburg (Zeitschrift des Ingenieurvereines 1885, Tafel VI, VII).

1 : 14.400 erfolgt, diese ist ab 1850 ergänzt worden. Ausgeführt wurde 1825 unterhalb Marktau (Oberösterreich) ein 2,84 km langer geradliniger Durchstich und 1835 am Weidhaufen unterhalb Wallsee ein 2,3 km langer Durchstich. Diese Durchstiche sind aus nur 20 m breiten Künetten entwickelt worden, was flußabwärts des Weidhaufens erhebliche Auflandungen zur Folge gehabt hat.

In den Jahren 1830 bis 1849 wurden durchgeführt:

Zwischen Aschach und Ottensheim rechtsufrig Schutzbauten, Länge 4,7 km; zwischen Linz und Ardagger: Arbeiten bei Zizlau, Steyregg, Enghagen, Mauthausen sowie die vorgenannten Durchstiche in Au und bei Wallsee;

Arbeiten in der niederösterreichischen Strecke: bei Melk, Stein, Theiß, St. Georgen, Breiwitz, Altenwörth, Zwentendorf, Kleinschönbichl, Tulln, Langenlebarn, Muckendorf, Stockerau, Korneuburg, Langenzersdorf, Kahlenbergerdorf und Nußdorf; ferner rechtsufrig zwischen der Ausmündung des Donaukanales und dem Lausgrund, 1836 ein Durchstich bei Fischamend und von dort Bauten an einigen Stellen bis zur Marchmündung.

Mit Ende des Jahres 1849 waren an der Donau in Österreich 250,5 km Uferlänge durch Steinpflasterung ausgebildet und mit Treppelwegen versehen.

In den Jahren 1850 bis 1860 ist zwischen Aschach und Ottensheim die Laabauernfurt beseitigt worden; in Linz wurden beidufrig stromaufwärts der Brücke Länden hergestellt, unterhalb der Stadt wurden Vorkehrungen zur Einleitung der Donau in den Zizlauer Arm getroffen, flußabwärts Wallsee ist im sogenannten Holler ein Strombett geschaffen worden; im Tullnerfeld wurden die Arbeiten u. a. linksufrig gegenüber der Stadt Tulln fortgesetzt; bei Stockerau sind Maßnahmen ergriffen worden, um das Eindringen des Stromes in den Stockerauer Arm zu verhindern, bei Fischamend wurde eine größere Flußspaltung beseitigt und der Strom gegen das rechte Ufer geführt; bei Hainburg wurden die Anländeverhältnisse verbessert.

Von den Bauten in der Folgezeit seien lediglich Sprengungen herausgegriffen, die im Dezember 1877 rechtsufrig zwischen Kahlenbergerdorf und Nußdorf zur Beseitigung von Riffen und Felsbänken ausgeführt worden sind. Die besonders gefährdete linksufrige Strecke Stockerau—Bisamberg hat um die Jahrhundertwende einen starken Schutz erhalten. Das Marchfeld ist durch einen gewaltigen Damm gesichert worden, mit dessen Errichtung 1869 im Anschluß an den Hubertidamm begonnen worden ist. Der Marchfeldschutzdamm ist in der Zeit vom Herbst 1933 bis September 1935 erhöht und verstärkt worden. Die 1864 zunächst für Wien bestellte Donauregulierungskommission hat ab 1882 ihren Aufgabenkreis auch auf Niederösterreich erstreckt, um 1900 war die Mittelwasserregulierung fertiggestellt. Der Erfolg ist aus der Abminderung des Überschwemmungsgebietes zu ersehen, das von Wien bis zur Staatsgrenze im Jahre 1862 noch 33.272 ha, schon im Jahre 1897 nur mehr 9459 ha umfaßte. Auch ist in Nieder-

Österreich seit dem Winter 1893/1894 kein primäres Festsetzen des Eises mehr erfolgt.

Nach einer Erörterung, an der sich auch G i r a r d o n (Frankreich) und K r a s s a y (Ungarn) beteiligt haben, ist unter W e b e r - E b e n h o f etwa 1900 eine Niederwasserregulierung so eingeleitet worden, daß beladene Fahrzeuge mit einer Tauchtiefe von 1,8 m mit Sicherheit auch über die Furten bis Passau gelangen können. Hiezu sei nachgetragen, daß ein gewisser B e r n h a r d am 21. Juli 1818 bei Nußdorf Probefahrten auf der Donau mit einem Dampfboot durchgeführt hat, am 18. September 1830 das erste Dampfschiff von Wien nach Budapest gefahren ist und seit 1831 ein regelmäßiger Donauverkehr durch die „Erste privilegierte Donaudampfschiffahrtsgesellschaft" besteht. Erheblich früher, 1715, ist das erste Kriegsfahrzeug von Wien abgegangen, es war zur Beschießung von Belgrad bestimmt gewesen. Ab 1890 sind kommissionelle Stromschaufahrten von Passau bis Theben durchgeführt worden, um die Beschaffenheit des Stromes feststellen und Wünsche der Schiffahrtskreise entgegennehmen zu können. Noch 1894 mußte bei Grein mit einer Wassertiefe von 0,87 m, 1900 nur mehr mit einer solchen von 1,20 m — bei Zwentendorf — gerechnet werden. Hiebei war der Umstand von Bedeutung, daß die Hauptverkehrszeit, nämlich nach der ungarischen Getreideernte, in eine Periode tiefer Wasserstände fiel.

Was die Donau bei Wien anlangt, so ist deren Tendenz bekannt, vor der Uferterrasse, auf der die Stadt liegt, verschiedene Rinnsale zu bilden. Nun war dieses Bestreben nicht nur dem Handel abträglich; Wien war römischer Standplatz, später Festung und hat eines gewissen strategischen Interesses nicht zu entbehren vermocht. Es hatten daher die Nußdorfer Strombauten, die die Donau bei Wien halten sollten, eine mehrfache Bedeutung. Bei dieser Bauangelegenheit darf nicht übersehen werden, daß sich erst 1712 der Grundsatz durchgesetzt hat, daß Regulierungsarbeiten nicht punktförmig, sondern eindimensional zu planen sind („prinzipium hidrostatikum"). Bezüglich der Wasserstandsbewegung in Nußdorf im vergangenen Jahrhundert (vgl. Österreichische Wasserwirtschaft 1949, S. 214, Wasserstandsschwerlinie Nußdorf) ist zu bemerken, daß nicht nur der Wiener Donaudurchstich allein, sondern offenbar auch die Entwicklung bzw. der Abbau der Nußdorfer Strombauten maßgebend gewesen ist.

Während sich die Römer für ihr Militärlager zweifellos einen an einem hinreichend breiten Gerinne gelegenen Platz wählten, war dieses im Mittelalter schon nach Osten gewandert. Dies geht aus dem Albertinischen Plan (vgl. Abb. 3, Näheres Zeitschrift des Ing.- u. Arch.-Vereins 1898, S. 758) hervor.

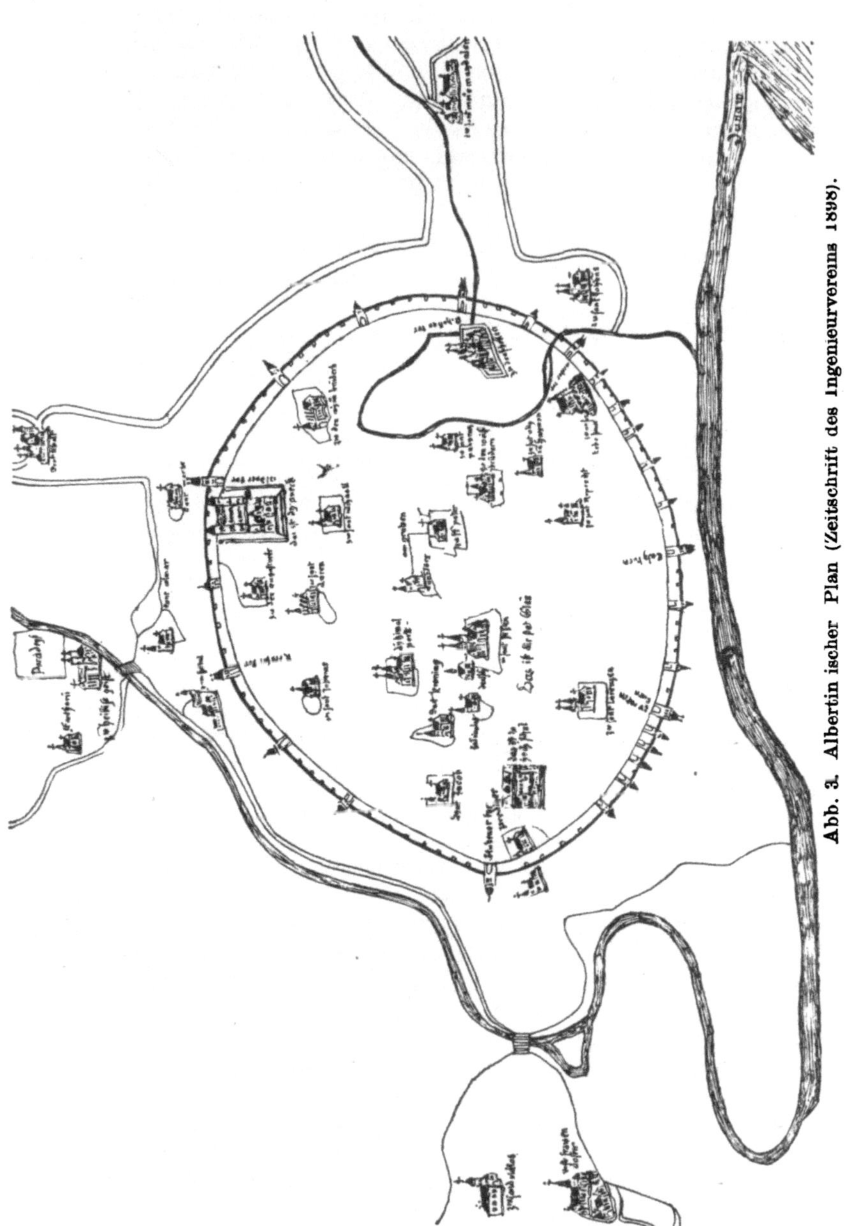

Abb. 3. Albertinischer Plan (Zeitschrift des Ingenieurvereins 1898).

Dieser Plan stammt aus der Mitte des 15. Jahrhunderts und enthält die älteste technische Darstellung von Gewässern in Österreich; verzeichnet sind der Strom, der Donaukanal, der Wienfluß und der Alsbach. Der Kanal hat nicht nächst der Wienmündung geendet; es ergibt sich dies aus einem von Vasquez gearbeiteten Plan der Stadt Wien für das Jahr 1147, als die Wollzeile noch eine Vorstadt war und St. Stephan vor den Mauern lag (Näheres Zeitschrift des Ing.- u. Arch.-Vereins 1929, S. 102).

Über die wichtigsten Arme der Donau bei Wien wäre zu sagen:

1. Westlichstes Gerinne: Heiligenstädterstraße, Viriotplatz, Liechtensteinstraße, Porzellangasse, untere Berggasse, Augartenbrücke; im 14. Jahrhundert Liechtensteinstraße versandet, in der zweiten Hälfte des 18. Jahrhunderts konnte der obere Teil (Heiligenstädterstraße) bebaut werden, Mitte des 19. Jahrhunderts waren noch Reste des Armes im unteren Teil zu sehen.

2. Donaukanal: ist durch technische Maßnahmen erhalten geblieben und hatte auch militärische Bedeutung. Daher bestand bis 1439 nur eine Überfuhr beim Roten-Turm-Tor. Ab 1439 Schlagbrücke (derzeit Schwedenbrücke) nach Bewilligung durch Albrecht II. Diese Brücke ist vermutlich die erste Donaubrücke gewesen (Krems 1463/64, Linz 1497).

3. Fahnenstangenwasser (am Ufer Holzlagerplätze, gekennzeichnet durch Stangen mit Fahnen nach der Brennholzordnung 1707): Brigittakapelle, Nordwestbahngelände, östliche Augartenbegrenzung, Bogen nach Osten. War im ausgehenden Mittelalter Hauptstrom, nach Anguissola-Marinoni 1706 noch ziemlich breit, nach der „Carte Topographique" von Hauptmann Ing. Haußer 1760 schwächer, 1800 ein unscheinbarer Arm, 1821 teilweise ausgetrocknet. Nach Pasetti 1864 nur mehr einige Tümpel in der Rauscherstraße.

4. Kaiserwasser: nächst der Nordwestbahnbrücke, östlich der Dresdnerstraße, Bogen zur Reichsbrücke. Wurde 1817 für die Schiffahrt eingerichtet, ist sodann versandet.

5. Alte Donau: seit Anfang des 18. Jahrhunderts, noch bestehendes Gerinne.

Über Einzelheiten unterrichten die Abbildungen 4 und 5.

Die Bemühungen, das Umladen von Schiffen in Nußdorf zu vermeiden bzw. eine brauchbare Zufahrt zum alten Wien offenzuhalten, reichen weit zurück. Räumungsarbeiten sind im 14. Jahrhundert nachgewiesen, in der Mitte des 15. Jahrhunderts war Caspar Hertneid (28. Februar 1425 bis 6. Oktober 1475) vergeblich bemüht, Erfolg zu haben. Am 10. Mai 1563 schloß Ferdinand I. mit Hans Gasteiger einen Vertrag über Baggerarbeiten bei Nußdorf (Gasteiger, gebürtig 1499 aus München, baute in Weichselboden, Hieflau und Reifling Rechenanlagen,

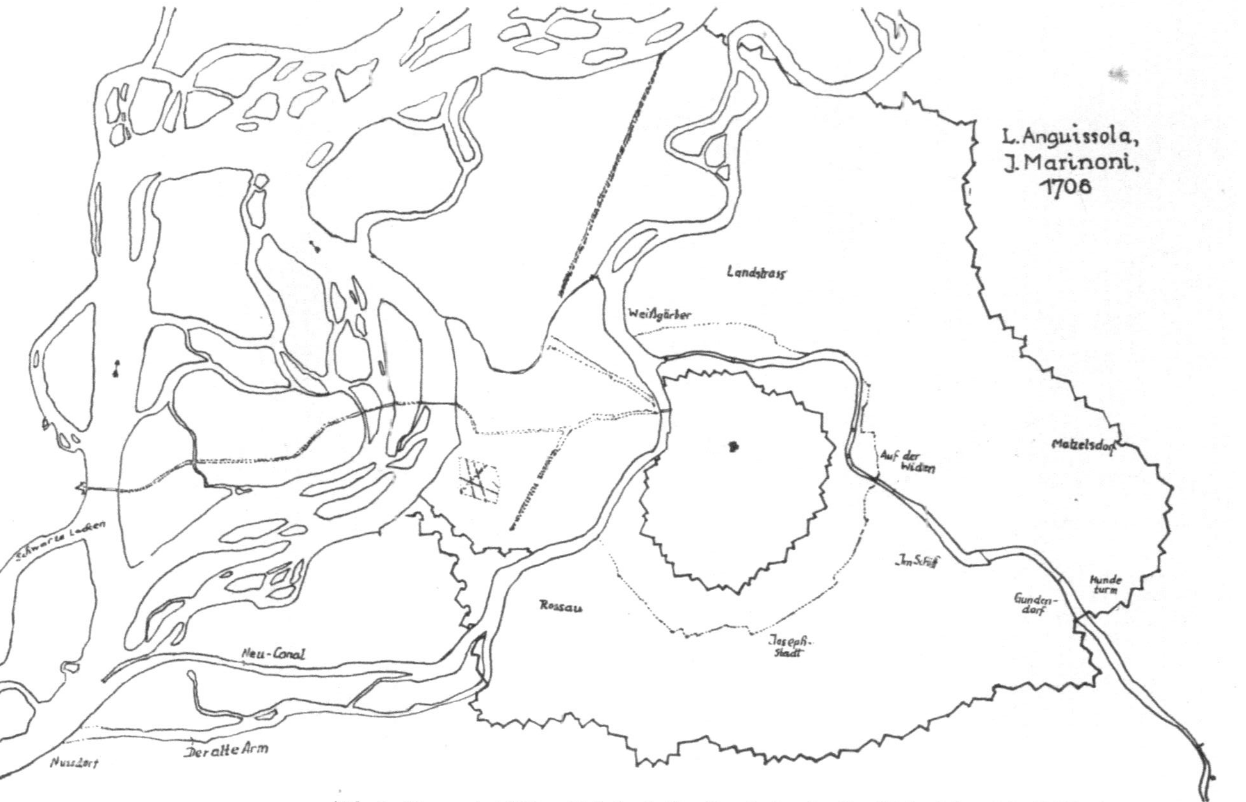

Abb. 4. Donau bei Wien (Jahrbuch der Landeskunde für Niederösterreich 1903).

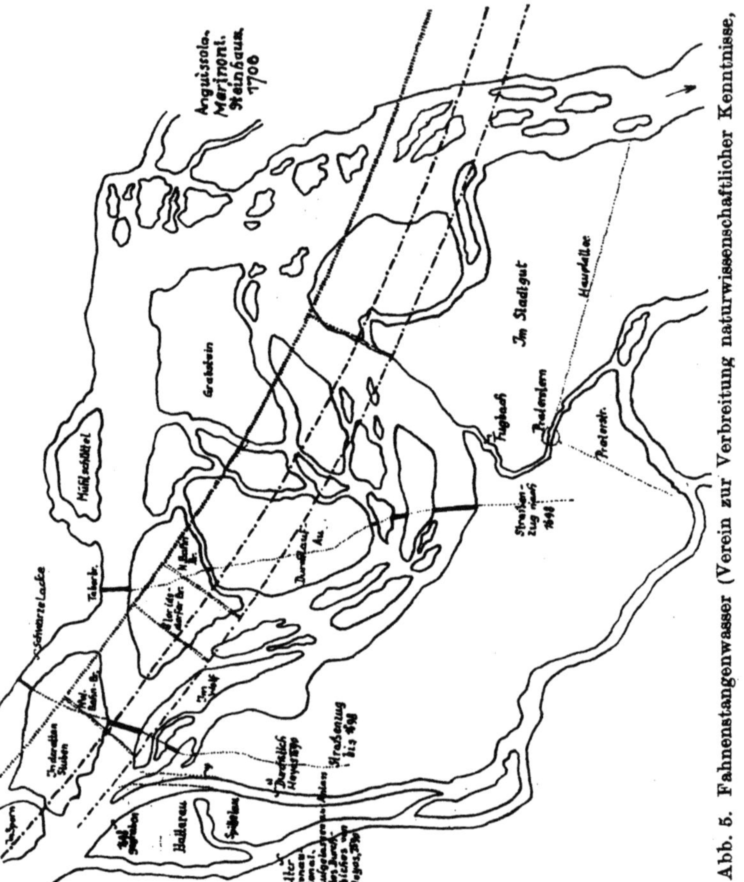

Abb. 5. Fahnenstangenwasser (Verein zur Verbreitung naturwissenschaftlicher Kenntnisse,

arbeitete an der Enns zwischen Hieflau und Steyr, war von Ferdinand I. am 12. Dezember 1557 mit Räumungsarbeiten im Schiffsweg Krems—Wien beauftragt, gestorben 27. Dezember 1576 in Wien). Auch am gegenüber Nußdorf liegenden linken Ufer wurde gearbeitet und am 14. Mai 1568 ein Verbot erlassen, Rosse und Schiffszüge über „die neue Schlacht" an diesem Ufer

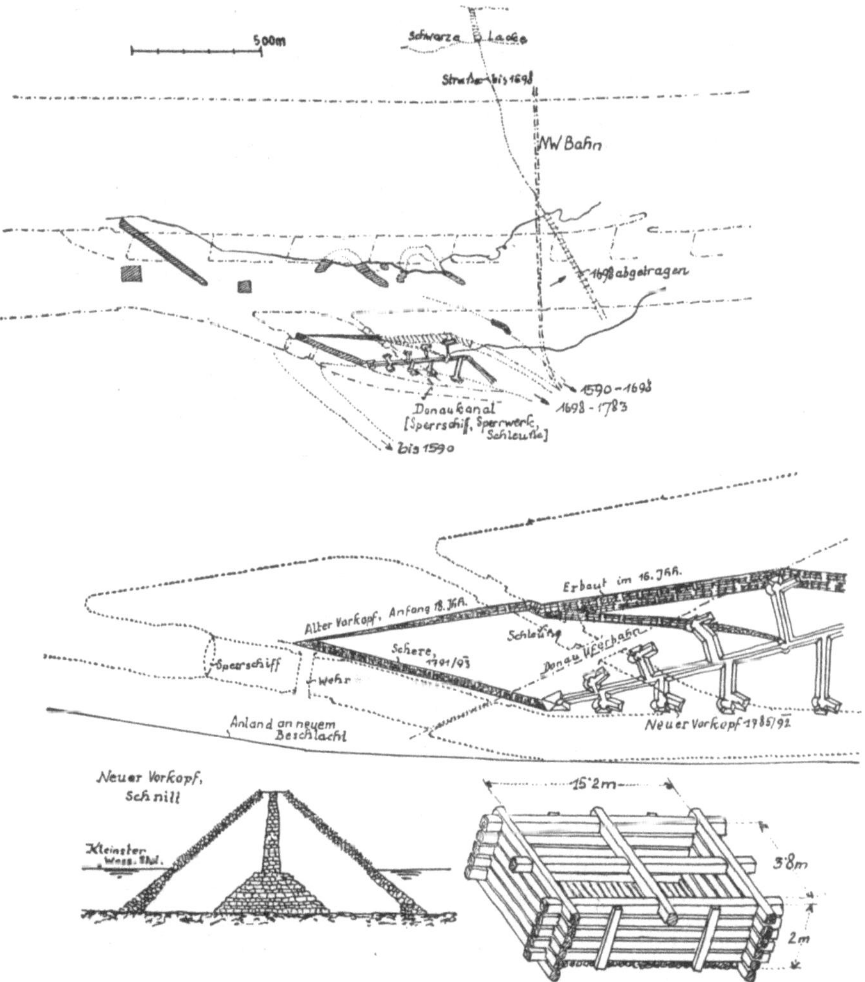

Abb. 6. Nußdorfer Strombauten (Zeitschrift des Ingenieurvereins
1902, 1904).

zu führen. Bauten mit rechteckigem Grundriß im Stromprofil
stammen aus der ersten Hälfte des 16. Jahrhunderts und haben
bis 1685 bestanden. Hoyos-Stixenstein (gestorben 1609) ließ
1598 ein Gerinne graben, das allerdings schon 1614 wenig brauch-
bar gewesen ist und von welchem ab dem Ende des 18. Jahr-

3

hunderts der Name „Donaukanal" hergeleitet ist. Die Aus-
leitungsstelle des Donaukanals ist mehrfach geändert worden, sie
ist durch ein „Schere" genanntes Teilungswerk befestigt gewesen.
1810 bis 1816 wurde der Schwarzelackensporn (Abb. 6), für das
Längenprofil der Donau eine ziemliche Zumutung, errichtet.
Dieses festungsartige Bauwerk hat zwar Hochwässern stand-
gehalten und den Kanal alimentiert, jedoch ist die Wirkung des
Hochwassers 1830 hiedurch verstärkt worden.

Das durch verschiedene Kriege (schlesische Kriege, napole-
onische Kriege) mehrfach gehemmte Interesse an Donaufragen
war in der ersten Hälfte des 19. Jahrhunderts reger. Ab 1850
und — nach einem neuerlichen Hochwasser 1862 — ab 8. Februar
1864 ist das Studium der Donauregulierung bei Wien betrieben
worden. Die lebhaften bezüglichen Erörterungen befaßten sich
vornehmlich mit der Wahl zwischen einem Durchstich und der
Verwendung des bestehenden Strombettes. Bezügliche Projekte
sind von Schemerl (1811), Kudriaffsky (1830), Mihálik
(1865), Riener, Baumgartner, Kink (1850), Pasetti,
Schwarz, de Rigel und Forgach ausgearbeitet worden. Im
März 1868 ist zwar die Entscheidung zugunsten des Durchstichs
gefallen, aber es war nicht klar, wie ein solcher an der Donau
auszuführen wäre, man wollte ab der Reichsbrücke eine Künette
anordnen. Es sind Erfahrungen bei der Herstellung des Suez-
kanals, der aus Anlaß von dortigen Baggerungen 1869 von Sueß
und Wex besucht worden ist, verwendet worden. Am 1. Oktober
1869 hat die Offertverhandlung stattgefunden (vier französische
Unternehmer, Maschinenpark wie beim Suezkanal), am 14. Mai
1870 erfolgte in feierlicher Weise bzw. in Anwesenheit des Mon-
archen der Arbeitsbeginn. Zunächst mußten 255.000 m³ alte
Bauten (8000 Piloten, 19 km Schwellen) entfernt werden; auch
sind in einer Tiefe von 3 m „unter Null" Eichenstämme von
1 bis 1,5 m Durchmesser aus vormaligen Auen vorgefunden
worden. Unter der Leitung von Wex waren an Aushub 16,4 hm³
zu leisten, hiezu kamen Ufersicherungen für 26,6 km Länge,
wofür 545.000 m³ Bruchstein verwendet worden sind. Das
Kaiserwasser wurde zugeschüttet, Kaimauern am Strom errichtet, beidufrige Dämme gebaut und in Nußdorf ein Absperrwerk hergestellt. Seither konnte sich die Stadt mit allen Anlagen dem Strome nähern, die Wassergefahr war im wesentlichen gebannt. Der Durchstich wurde am 30. Mai 1875 für die
Schiffahrt freigegeben, nachdem schon am 14. April 1875 Vorkehrungen zur Einleitung in das neue Bett getroffen worden
waren. Reste alter Werke sind noch in den Jahren 1894/1895,

1902 und 1903 entfernt worden, deren größtes stammte aus dem 15. Jahrhundert, war 40 m lang und 14 m breit. Auch ist ein beim Bau der Nordwestbahnbrücke am 23. Dezember 1870 untergegangener Caisson entfernt worden.

In der Folgezeit waren wegen Pendeln des Stromstriches zwecks Freihaltung der 1875 geschaffenen Ländestellen Baggerungen nötig, man entschloß sich zur Ausführung einer Niederwasserregulierung durch Einbau linksufriger Buhnen. Hiedurch ist die Strombreite von Korneuburg bis Albern von 285 auf 160 m für 690 m³/s eingeschränkt worden, Bauzeit 1898 bis 1908.

Bis 1898 sind der Schiffahrt nur die Häfen Korneuburg (Beckengröße 4 ha) und Fischamend (kein Bahnanschluß) zwecks Winterung zur Verfügung gestanden. Die Überwinterungen sind bis dahin wegen der vergleichsweisen Wärme der Fischa in deren Unterlauf erfolgt. Nachdem 1892 bis 1895 das Kuchelauer Leitwerk errichtet worden war, ist 1898/1899 der gegen Hochwasser gesicherte Kuchelauer Hafen mit einem Becken von 1850 m Länge, 40 bis 75 m Breite und 13,3 ha Wasserflächte für Ruderschiffe und Flöße ausgeführt worden.

Der Donaukanal war als Handels- und Winterhafen gedacht gewesen. Die Regulierung dieses Kanals ist 1818 begonnen worden und war 1849 fast fertig. Die Linienführung wurde verbessert, das Profil mit einer Böschung 1:3 normalisiert und gesichert, am unteren Ende ein Durchstich ausgeführt. 1871 ist in Nußdorf ein Sperrschiff und in dessem Schutz 1894/1898 ein Absperrwerk von 40 m lichter Weite errichtet worden. In Verbindung damit stand die Ausführung einer Kammerschleuse von 85 m nutzbarer Länge und 15 m lichter Weite. Ihre Fundierung war gleichfalls wegen Entfernung von 300 Jahre alten, gut erhaltenen Werken erschwert; im Juli 1896 begann die Betonierung der Schleusensohle, die Trockenlegung erfolgte ab 7. Dezember 1897, die Schleusenmauern waren 1898 bis Nullwasserhöhe fertig. Sodann sind in den Jahren 1899 bis 1903 im Stadtinnern, nämlich von der Augartenbrücke bis zur Verbindungsbahnbrücke, Kaimauern mit einer Lichtentfernung von 50 m ausgeführt worden. Im Kanal sind drei Haltungen von 5,14, 5,87 und 4,61 km Länge geplant gewesen, und zwar: von Nußdorf bis unterhalb der Augartenbrücke, von da bis oberhalb der Stadlauer Brücke und von dort bis unterhalb der Uferbahnbrücke. Bei der Einmündung des Wienflusses in den Kanal ist ein später aufgelassener Wendeplatz hergestellt worden. Es ist nur die oberste Haltung durch Errichtung der Kaiserbadschleuse zur Ausführung gelangt. Die Verhandlung für diese Schleuse hat am

31. März und 1. April 1905 stattgefunden, der Bau war 1908 fertig.
An der Schleusenstelle ist die Normalbreite zwischen den Kaimauern von 50 auf 75 m erhöht, weil das bewegliche Schützenwehr 50 m lang ist, woran rechts in Fließrichtung ein 10 m
breiter und 120 m langer Trennpfeiler zu einer Kammerschleuse
mit Abmessungen wie in Nußdorf anschließt.

Jedoch ist der Donaukanal für Hafenzwecke zu schmal und
zu wenig zugänglich vom Strom aus; auch fehlen große Umschlagplätze. Daher wurde vorwiegend der Freudenauer Winterhafen benützt. Nach einer Verhandlung am 11. Februar 1899
und der Bauvergebung am 8. August 1899 wurden die Arbeiten
nach einer Unterbrechung durch das Hochwasser 1899 am
26. September d. J. fortgesetzt. Beschäftigt waren 300 bis
850 Mann, 4 Bagger mit einer Leistung von zusammen 2500 m³,
maximal 6000 m³/Tag. Materialbewegung 2 Mio m³, Wurfherstellung 70.000 m³, Pflaster 101.000 m², Steinzufuhr zuerst aus
Theben, sodann aus der Wachau. Baggerung bis 5 m unter
„Hafennull", Bauvollendung 30. September 1902, Eröffnung
28. Oktober 1902. Größe des Vorhafens 7,2 ha, des Innenhafens
34,4 ha, geschieden durch die das Eindringen von Eis und den
Eisdruck vermindernde Donauuferbahn, bis zum Weltkrieg Aufnahme von durchschnittlich 400 Schiffen je Winter.

Der Wienfluß hat ein Einzugsgebiet von 230 km², eine Lauflänge
von rund 30 km und ein Gefälle, das sich von $52^0/_{00}$ im Oberlauf auf
$4,8^0/_{00}$ bei der Eisenbahnbrücke in Penzing abmindert. Die sanitären
Verhältnisse haben vormals sehr zu wünschen übrig gelassen; das
Gewässer, das bei Preßbaum noch klar war, ist im Unterlauf eine als
offene Kloake bezeichnete, schwarze Jauche gewesen, die die Luft verpestet hat. Außerdem sind durch Regen mit einer Dauer von 1 bis
2 Stunden sehr oft Überschwemmungen verursacht worden, so u. a.
1851, 1853, 1854, 1855, 1860, 1870 usf. Die Projekte zur Behebung der
Übelstände hatten schon seit jeher Rückhaltebecken vorgesehen; so
B a y e r (1781, 11 Teiche, 3 Reservoire, 15 hm³ Fassungsraum), B r e
q u i n 1782, G u g g e n b e r g e r 1849, Z a i l l n e r (1873, hatte sein ursprüngliches Vorhaben eines Donau-Wien-Schiffahrtskanals später geändert), A t z i n g e r und G r a v e (1874, 6 Reservoire). Über die Ausführung sind ab 1881 Untersuchungen erfolgt, bei einer Spende von
2,68 m³/s, km² wurde mit einem Abfluß von 600 m³/s gerechnet. Das
Projekt für die Wienflußregulierung und -einwölbung ist am 29. Dezember 1882 vom Wiener Gemeinderat genehmigt worden. Die Regulierung, von der Mündung bis Weidlingau am Westrand von Wien,
ist 17 km lang, für 600 m³/s bemessen und hat am oberen Ende Rückhalteanlagen mit einem einer Füllzeit von 2 Stunden entsprechenden
gesamten Fassungsvermögen von 1,6 hm³, so daß nur 400 m³/s in das
Stadtgebiet gelangen. Die einige Jahre dauernden Arbeiten wurden

1894 begonnen, 1914 ist die Einwölbungsstrecke flußaufwärts verlängert worden. Die sanitären Verhältnisse wurden durch beidufrige Sammelkanäle bereinigt.

Bundesländer.

Die March ist ehemals von Theben bis Olmütz für den Schiffs- und Floßverkehr benützt worden, sie war der wichtigste Verkehrsweg von der Gegend Troppau—Oder zur Donau. Dies ist durch Errichtung zahlreicher Mühlwehre unmöglich gemacht worden. Es ist daher den Mühlenbesitzern mit Entschließung des mährischen Landtags im Jahre 1542 die Errichtung von Schleusen vorgeschrieben worden, 1653 haben die mährischen Stände die Schiffbarmachung der March beschlossen und sich für die Verbindung mit der Oder interessiert; die Folgeerscheinungen des Dreißigjährigen Krieges und die schlesischen Kriege hatten eine verzögernde Wirkung auf Vorbereitungsarbeiten, Projekte sind erstellt worden von Brequin (1774), Wiebeking (1805), Schemerl (1811), weitere Studien wurden 1831, 1846, 1854, 1868 gemacht, bis Podhagsky nach Sammlung von Projektsgrundlagen 1877 Anträge für eine Regelung von Moravican bis Theben stellte. Jedoch ist 1872 ein gesondertes Projekt für die Ausführung eines Kanals von der Oder zur Donau seitens der Anglobank vertreten worden, die Verhandlungen über den Widerstreit waren ergebnislos. Neuerliche Hochwasserschäden haben 1893 das Regulierungsprojekt Weber-Ebenhof ausgelöst. Während man bis dahin eine mittlere Hochwassermenge von 660 m³/s für die Grenze Mähren—Österreich angenommen hatte, haben Studien dieses Projektsverfassers Werte von 1500 m³/s ob der Thaya, 2300 m³/s ab der Thaya und 2500 m³/s bei der Mündung ergeben. Die zugehörigen Mittelwassermengen haben sich mit 75, 135 und 140 m³/s beziffert. Dementsprechend ist die Breite des Mittelwasserprofils mit 30 bis 62 m, die Entfernung der Hochwasserdämme mit 405 bis 624 m fesgelegt worden. Für die March als Grenzfluß waren Verhandlungen mit Ungarn notwendig, bei welchen 1894 eine Hochwassermenge von 2000 m³/s bei Theben vereinbart worden ist und am 20. Mai 1895 Richtlinien für die weitere Behandlung der Angelegenheit festgelegt wurden. Die 148,2 km lange Strecke von Rohatetz bis Theben sollte durch 24 Durchstiche auf 102 km abgemindert, bei einer Entfernung der Hochwasserdämme von 310 bis 600 m sollten linksufrig 26.500 ha, rechtsufrig 15,700 ha der Überschwemmung entzogen werden. Mit den Arbeiten ist in der Mündungsstrecke im Juni 1911 begonnen worden, die Vorkehrungen für den ersten Durchstich (nächst Marchegg) wurden im Mai 1914 eingeleitet. Beigefügt wird, daß beim Bau der Nordbahn zwei kleine Marchdurchstiche, und zwar bei Dürnkrut und unweit Grub mit einer Gesamtlänge von 1,7 km notwendig geworden sind. Damals ist der Weidenbach bei Weikendorf als ein vollständig versumpftes, 3 km breites Gelände angetroffen worden.

Die Thayaregulierung in der Gegend der Pulkaumündung und von Laa ist seit etwa 1700 Gegenstand von Verhandlungen gewesen, hiezu kam schon frühzeitig die Frage der Pulkauregulierung. Wegen abflußhemmenden Mühlen mußte in Wulzeshofen bei höheren Wässern ein Bootsverkehr eingerichtet werden, auch Hanfthal war häufig überschwemmt. In den Jahren 1831 bis 1833 sind, durch Cholera erschwert, ein 13,6 km langer Thayadurchstich und eine 4,2 km lange Regulierung der Pulkau ausgeführt worden.

An der Traun ist zwischen Steeg und Ebensee schon um die Mitte des 13. Jahrhunderts Schiffahrt getrieben worden; sie wurde anfangs des 16. Jahrhunderts in dieser Strecke unter Max I. verbessert. Durch Maßnahmen beim „wilden Lauffen“ oberhalb Ischl und am Ausfluß der Traun aus dem Hallstätter See wurden die Schiffahrtsmöglichkeiten erweitert. Die Traunschiffahrt ist mit Klauswasser erfolgt, die Handhabung der Klausen wurde 1646 durch kaiserliche Entscheidung geregelt, 1914 ist diese Schiffahrt eingestellt worden.

Nach dem Ausfluß aus dem Traunsee bei Gmunden folgt zunächst eine 26 km lange Schluchtstrecke mit dem ungefähr 13 m hohen Traunfall bei Roitham, dem sogenannten „wilden Fall“; dort sind um 1311 unter der römischen Königin Elisabeth Arbeiten zur Schiffbarmachung erfolgt und Albrecht V. hat vor 1416 eine Bestimmung bezüglich des „durch den Fall des Wassers“ der Traun zwischen Gmunden und Stadl geführten Salzes erlassen. Laut einer Urkunde von 1416 war dieser Fall „jetzund neulich geschaffen“. Der Bau am Traunfall — ein rechtsufriger Umfahrungskanal aus Holz — ist 1552 von S e e a u e r verbessert worden.

In der abwärts anschließenden Flußstrecke bestehen die eiszeitlichen Schotterablagerungen der Traun in der Welser Heide. Dort ist in den Achtzigerjahren des vorigen Jahrhunderts eine Mittelwasserregulierung auf eine Normalbreite von 76 m ausgeführt worden, in der Folge sind stellenweise nicht unerhebliche Eintiefungen zu verzeichnen gewesen. Dagegen sind in der

Mündungsstrecke der Traun Auflandungen eingetreten; hiezu kam, daß diese Traunstrecke wegen Maßnahmen an der Donau um 1,1 km verlängert worden ist, was für die Traun einen vorübergehenden Gefällsverlust von 1,5 m zur Folge gehabt hat. Die Donau hat sich jedoch wegen Abbau des Zizlauer Armes (1869 bis 1884) bei der Traunmündung um 1,0 m eingetieft, so daß sich die Abflußverhältnisse in der unteren Traunstrecke wieder verbessert hatten. In den Jahren 1880 bis 1894 ist die Mündungsstrecke der Traun so verschottert gewesen, daß die Gefahr eines Ausbruches in einen Fabriksarm und des Ruins von Kleinmünchen und Ebelsberg befürchtet worden ist. Es ist daher im Zusammenhalt mit einer 1898/1899 durchgeführten Untersuchung über die Zweckmäßigkeit einer Niederwasserregulierung in der 8 km langen Strecke ab diesen Ortschaften von 1895 bis 1906 eine solche Regulierung durch Leitwerke und Traversen mit dem Ziel der Senkung des Niederwasserspiegels bei der Ebelsberger Brücke um 1 m erfolgt. Im ganzen sind in der 49,1 km langen Strecke ab Stadl in den Jahren 1853/1897 Bauten mit einer Gesamtlänge von 126 km hergestellt worden. An der oberen Traun war in der 32,4 km langen Strecke Steeg—Ebensee in der Zeit von 1892 bis 1897 bei Ebensee eine Regulierung im Gange, in derem Zuge 1893 bis anfangs 1895 ein 500 m langer Durchstich bei Ebensee hergestellt worden ist.

Bemerkt wird schließlich, daß das Gosautal 1857/1866 mit einem Aufwand von 100.000 fl entsumpft wurde.

An Inn und Salzach in Oberösterreich sind gegen Ende des 18. Jahrhunderts Ufersicherungen ausgeführt worden (z. B. Ettenauer Bauten), deren Type um 1830 durch mächtige Buhnen abgelöst worden ist. Von der 65,8 km langen Grenzstrecke des Inn zwischen der Mündung der Salzach und Passau (Vertrag mit Bayern 1858) waren 1853 insgesamt 6 km fertiggestellt, in den Jahren 1853/1897 sind 31,8 km auf eine Normalbreite von 190 m bei Ausmerzung von der Stromgröße nicht entsprechenden Krümmungen, Laufkürzung 12%, geregelt worden.

Von der 37 km langen Salzachgrenzstrecke in Oberösterreich sind 1853 10,4 km fertiggestellt gewesen und 1853 bis 1897 weitere 11 km gesichert worden. Von der Grenze gegen Salzburg bis Ettenau ist eine Laufkürzung um 8%, von Überackern bis zur Mündung eine solche um 4% erfolgt. In der Grenzstrecke Salzburg—Bayern (Verträge 1820, 1873) ist ab 1856 eine Normalisierung und Befestigung der Ufer bei einer Normalbreite von 113,8 m erfolgt.

Der Talboden der Salzach im Oberpinzgau war noch im 15. Jahrhundert ein Sumpf. Dort sind sodann ab dem 16. Jahrhundert — bei Mittersill 1564 bis 1583 — Regulierungs- und Entsumpfungsarbeiten durchgeführt worden. Ab 1822 sind diese Arbeiten, die die Sicherung und Nutzbarmachung von 32.000 ha bezwecken, in ein neues Stadium getreten.

Die Regulierungsarbeiten am Inn in Tirol, die mit einer Meliorierung des Talbodens verbunden sind, wurden begonnen: in der 17 km langen Strecke Telfs—Martinsbühel 1876, in der 10 km langen Strecke Martinshübel—Innsbruck 1894 und in der 4,5 km langen Strecke Kolsaß—Terfens Weer 1882. Nach einer Unterbrechung ab 1907 sind die Arbeiten 1922 wieder aufgenommen worden. Das Bausystem ist eine Hochwasserregulierung durch Einbau von hochwasserfreien Buhnen und Leitwerken. Bis 1934 waren 60 km reguliert. Die 13 km lange Grenz- bzw. „Rezeß"strecke von Sparchen bei Kufstein bis Windhausen (Rezeß bedeutet Vergleich bei Grenzstreitigkeiten, Verträge mit Bayern 15. April 1771, 1821, 1826, 1879) ist 1760 vollständig verwildert gewesen, was Anlaß zu zwischenstaatlichen Verhandlungen geboten hat. 1821 wurden die Profilbreiten mit 108 bis 133 m festgelegt, um 1850 war ein Hochwassergerinne fertiggestellt. 1898 wurde die Ausführung einer Niederwasserregulierung beschlossen, die in den Jahren 1900 bis 1911 durch Querwerke auf eine Breite von 86 m durchgeführt worden ist, wodurch sich die Fahrwasserverhältnisse für die Floßfahrt verbessert haben. Die Schiffahrt auf dem Inn und auch an der Salzach ist mit dem beginnenden Bahnverkehr eingestellt worden.

Durch die Lechregulierung könnten zwischen Häselgehr und der Staatsgrenze 16 km² Talboden gewonnen werden, die Ursache der bis 1 km breiten Verschotterung dieses Bodens liegt im Gebirgsabtrag der Zubringer. Es ist bekannt, daß die Abflußverhältnisse des Lech nächst der Grenze gegen Bayern durch das talsperrenartige Mangfallwehr in Füssen beeinflußt werden. Große Ablagerungen bei Reutte aus Anlaß eines Hochwassers 1901 haben Regulierungsarbeiten zur Folge gehabt, die — ähnlich wie die von Salis disponierte Rheinregulierung in Graubünden — durch unüberströmbare Buhnen in je 300 m Abstand und überströmbare Leitwerke vorgesehen waren. Es sind damals Pfahlbauten ohne Gehänge ausgeführt worden, die das Hochwasser vom 30. auf 31. August 1908 gut überstanden hatten.

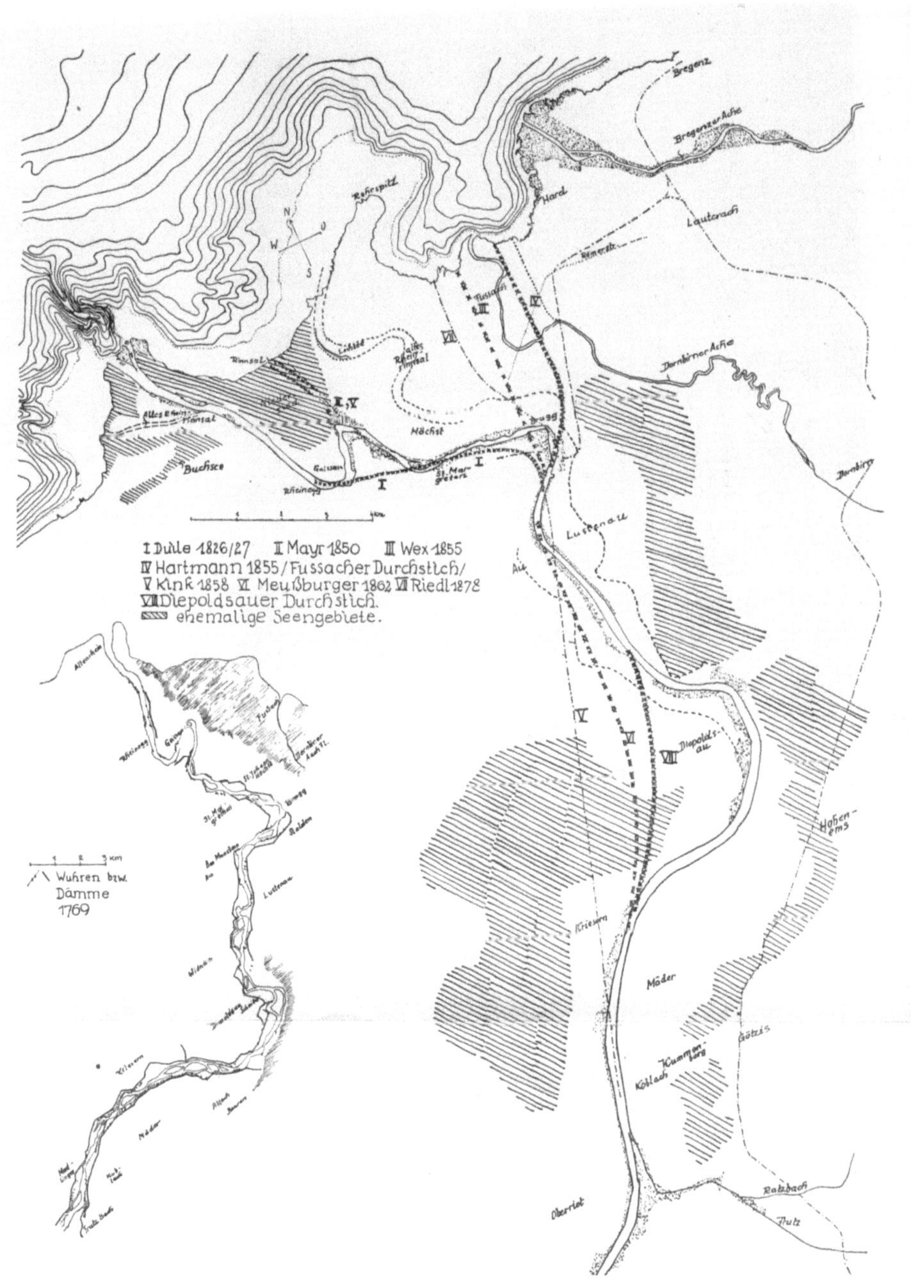

Abb. 7. Zur Rheinregulierung (Wochenschrift des Ingenieurvereins 1891, Tafel V; Schriften des Vereins für Geschichte des Bodensees, 1901, Heft 30).

Zur Rheinfrage mag bemerkt werden:

Weit nördlich des Bodensees, der vom Rheingletscher verblieben ist, zieht der breite Gürtel der Rißmoränen, südlich begrenzt von der Endmoräne der Würmeiszeit, in einem großen Bogen vom Allgäu bis Schaffhausen. Der See war vormals erheblich größer und hatte u. a. auch die Vorarlberger Rheinebene bedeckt. Reste dieser Bedeckung sind noch in historischer Zeit vorhanden gewesen und aus Abb. 7 ersichtlich.

Große Überschwemmungen des in Rede stehenden Gebietes haben stattgefunden: 1343, 1374, 1511, 1516, 1617, 1618, 1640, 1740, 1750, 1762, 1768, 1770, 1817, 1834, 1848, 1868, 1871. Ufersicherungen (Wuhre) bestanden seit Jahrhunderten, 1568 ist ein Wuhrstreit zwischen Höchst und St. Margrethen nachgewiesen. Die Schifffahrt im Rhein ob dem See hat bis 1614 bis Bauern bei Hohenems bestanden, 1824 hat erstmals ein Dampfboot den See befahren. Der erste Rheingutachter, der u. a. auch den in Abb. 7 dargestellten Lageplan von Wuhrbauten 1769/1770 verfaßt hat, war der schweizerische Hauptmann Ing. Römer. Die erste Anregung zu einer Regulierung ist 1788 von den Gemeinden Brugg, Höchst und Gaissau ausgegangen, das älteste Projekt für die Führung des Rheins von Brugg zum See ist 1792 vom Innsbrucker Baudirektor Baraga entworfen worden, der auch eine Linienführung durch das sogenannte Niederried (vgl. Abb. 7) vorgesehen hatte. 1821 ist ein Durchbruch des Rheins durch dieses Ried erfolgt, 1825/1827 hat Duile über Aufträge 1817 (Hochwasser, Rheingefahr erkannt) und 1821 nach Aufnahmen ab der Grenze gegen Liechtenstein bis zum See ein Regulierungsprojekt verfaßt. Geplant war bei einer Normalbreite von 95 m ein Durchstich zwischen Höchst und Gaissau und eine Ausrundung bei Brugg, gesamte Laufkürzung 3,54 km. Auch Negrelli hat sich 1831/1835 mit diesem Projekt befaßt. Die Verhandlungen hierüber hatten zunächst wegen Gegensätzen zwischen St. Margrethen und Rheineck kein Ergebnis, wenngleich Duile gegen besseres Wissen über Schweizer Forderung die Sohlenbreite von 95 m auf 125 m erhöht hatte. Immerhin ist ab 1827 bis in die Fünfzigerjahre des 19. Jahrhunderts ein alljährlicher gemeinsamer „Wuhraugenschein" abgehalten worden. 1840 hatte die Schweiz dem Projekt Duile zugestimmt, jedoch 1842 widerrufen. 1847 ist in Schweizer Kreisen erstmals die Idee des Fußacher Durchstichs aufgetaucht, 1848 ist jedoch allseits der Durchstich ins Niederried als richtige Lösung anerkannt worden, ein solches Projekt Mayr wurde 1850 verfaßt. Die Stellungnahme gegen den Fußacher Durchstich war damals auf

eine befürchtete rasche Auffüllung der Hard—Fußacher Bucht
und auf das Zusammentreffen dreier bedeutender Gewässer
(Rhein, Dornbirner Ache, Bregenzer Ache) auf einem Punkt
gegründet. Diese Befürchtungen sind sowohl von der Bevölke-
rung als auch von österreichischen Sachverständigen vorge-
bracht worden, vor allem ist Kink ab 1858 gegen den Fußacher
Durchstich aufgetreten und hat eine Verlandung der genannten
Bucht in wenigen Jahrzehnten vorhergesagt, während Pasetti
hiefür sieben Jahrhunderte veranschlagt hatte. 1855 hat zwischen Hartmann (Schweiz) und Wex (Österreich) erstmals
ein Gespräch über den Fußacher Durchstich stattgefunden. In
der zweiten Hälfte des vergangenen Jahrhunderts sind über
diese Frage zahlreiche Verhandlungen, so 1865 in Bregenz, 1867
in Konstanz abgeführt worden. Verschiedene Projekte wurden
entworfen (vgl. Abb. 7) und Gutachten abgegeben, so von
Dünckelberg, der sich überhaupt gegen Durchstiche aus-
gesprochen hat. 1871 ist ein Präliminarübereinkommen zwischen
Österreich und der Schweiz über die Rheinfrage zustande ge-
kommen, seit den Achtzigerjahren sind in Österreich zusammen-
hängende Leitwerke und Binnendämme an Stelle der vormals
hergestellten Wuhrköpfe ausgeführt worden. Am 30. Februar
1892 wurde ein Staatsvertrag über die Rheinregulierung abgeschlossen, am 24. Oktober 1893 trat die Rheinregulierungskommission erstmals zusammen und ab 1894 bestehen die beid-
seitigen Rheinbauleitungen. Diese hatten Projektsstudien nach
den im Staatsvertrag enthaltenen Richtlinien durchzuführen.
Außer dem Fußacher Durchstich war auch der Diepoldsauer
Durchstich wegen Gebietskompensation vorgesehen, weil man
ursprünglich die neue Flußtrasse als Staatsgrenze gelten lassen
wollte. Die Arbeiten am Fußacher Durchstich sind im Spät-
herbst 1895 begonnen worden, eingesetzt waren 960 bis 1200
Mann, 2 Naßbagger, 1 Trockenbagger, 1 Greifbagger; Stein-
beschaffung mit Transportbahn 15 km von Hohenems, Durch-
sticheröffnung am 6. Mai 1900. Die Regulierung ist 1934 als im
wesentlichen abgeschlossen angesehen worden, die Baulängen
haben betragen: Durchstich Fußach 4,88 km, Zwischenstrecke
zum Diepoldsauer Durchstich 4,67 km, dieser Durchstich
6,19 km, daran flußaufwärts anschließend 8,90 km. Die Laufkürzung beim Fußacher Durchstich beträgt 7,1 km, beim Diepoldsauer Durchstich 2,9 km. Das Normalprofil weist eine
Sohlenbreite von 110 m und beidseitige Vorländer von je 75 m
Breite auf, die Kronen der Binnendämme sind auf eine freie
Höhe von 1 m über einem Hochwasserabfluß von 3000 m³/s ab-

gestellt. Anfänglich hat sich die aus lockeren Schichten ge-
bildete Durchstichsohle eingetieft, das Stromgefälle ab Ober-
fahr von 0,7 auf 1,4⁰/₀₀ erhöht, die Kolke sind von nachrückenden
Schottermassen ausgefüllt worden. Ende 1914 war am oberen
Ende der Zwischenstrecke (Schmitter Brücke) der Nieder-
wasserspiegel um 0,9 m, an deren unterem Ende um 2,0 m ab-
gesenkt. 1915 sind in einer Torfstrecke des Diepoldsauer Durchstichs Dammsetzungen zu verzeichnen gewesen.

Bezüglich des Illflusses sei lediglich bemerkt, daß dessen Mündungsstrecke schon in den Jahren 1830/1840 mit gutem Erfolg geregelt gewesen ist, daß jedoch in den Neunzigerjahren des vorigen
Jahrhunderts wegen Wasserentzug Auflandungen, die auch Über-
flutungen zur Folge hatten, eingetreten sind.

Die ersten Projektsaufnahmen an der Drau sind in den
Jahren 1818 bis 1823 gemacht worden; so bei Leßnig 1822, von
St. Peter ob Spittal a. d. Drau bis zur Mauthbrücke 1823, an der
Teufelsbrücke und bei Schwabegg 1819. Im Jahre 1850 sind in
Osttirol und Oberkärnten streckenweise Drauregulierungs-
bauten seit längerer Zeit bereits vorhanden gewesen, die Drau-
regulierungsaktion hat jedoch erst 1882 in großem Maßstabe eingesetzt. In Osttirol sind 1883/1890 die Draustrecken Arnbach—
Hof (7,5 km), bei Mortbichl (0,7 km), bei der Lienzer Klause
(1,0 km), Leisach—Amlach (3,0 km), Lienz—Lavant (4,0 km)
und bei Nikolsdorf (1,2 km) gesichert worden. Bei Nikolsdorf
mußte ein Durchstich ausgeführt werden, weil der Bahnhof von
einer Flußentartung bedroht gewesen ist. Flußabwärts der Isel-
mündung sind Hochwasserdämme (Entfernung 50 m, Kronen-
höhe 3,0 bis 3,6 m über Niederwasser) zur Ausführung gelangt,
in das Profil wurde ein 30 m breites Niederwassergerinne mit
landseitigen Traversen in je 30 m Entfernung, mit 10⁰/₀ zum
Hochwasserdamm ansteigend, eingesetzt. In der 178 km langen
Kärntner Draustrecke (Tiroler Grenze—Völkermarkt) ist eine
offene Bauweise angewendet worden, um das Geschiebe in Alt-
arme zu bringen, das Niederwassergerinne in Oberdrauburg
wurde 1886 eingebaut. Die Mittelwasserbreiten betragen: von
der Tiroler Grenze bis Pirkach 41 m, von dort zur Möll 47 m,
sodann zur Lieser 67 m, zur Gail 82 m, zur Gurk 105 m und bis
Völkermarkt 120 m. Über die Laufkürzungen, Stand 1900, vgl.
Tab. 1.

Im Memorabilienbuch von Grafendorf wird über einen im
Jahre 328 im Rinsengraben bei Reißach vom Reißkofel nieder-

gegangenen Bergsturz berichtet; ein anderer — vermutlich der
größte beobachtete — Bergsturz hat sich am 25. Januar 1348
zur Vesperzeit (4 Uhr nachmittag) am Dobratsch zugetragen.
Das Ereignis, das mit Eiswirkung in Felsklüften erklärt wird,
ist vom Abt Florimund von Arnoldstein, der durch den Luft-
druck zurückgeschleudert worden ist, einen Augenblick beob-
achtet worden. Der Bergsturz, zwischen Förk und Unterschütt,
ist gegen 11 km lang und erreicht eine Höhe von 26 m über dem
Ausgleichslängenprofil der Gail; es ist ein etwa 25 km langer
Stausee bis gegen Vorderberg vorübergehend vorhanden gewesen, auch die Einmündung der Gailitz war abgedämmt.
17 Weiler, 3 Schlösser, 9 Kirchen sind verschüttet worden, durch
den Stau standen weitere 10 Dörfer einige Tage unter Wasser.
Das Gefälle in der „Schütt“-strecke beträgt 5,2$^0/_{00}$, oberhalb
anschließend von Egg bis zur Schütt 1$^0/_{00}$.

Tabelle 1.

Gewässerstrecke	Länge in km		Kürzung um %	Gefälle ursprünglich $^0/_{00}$	Durchstiche in
	von	auf			
Tirolergrenze—Möll..	51,75	49,0	5,3	2,2—1,4	
Möll—Lieser	12,90	12,0	7,5	2,07—1,23	Gschieß 1887 Lendorf 1889
Lieser—Paternion ...	18,5	17,0	8,1	2,9—0,7	
Paternion—Wernberg	31,0	31,0	—	$\doteq$ 1,0	
Wernberg—Dieschitz (Rosental)	14,0	14,0	—	1,29—1,0	
Dieschitz—Völker- markt	59,8	54,0	9,1	1,2—1,1	

Hiezu kommt bei der Gail die Geschiebefracht von 13 Wildbächen in der Strecke Kötschach—Egg und jener des Lesach-
tales (Oberlauf der Gail). Beim Rückzug französischer Ab-
teilungen ist 1813 bei Bodendorf eine Straße aufgelassen worden; bei dortigen Regulierungsarbeiten 1890 wurde das Planum
dieser Straße 1,4 m unter der Talsohle vorgefunden, woraus
eine Geschiebefracht von 2 Mio m³/Jahr errechnet worden ist.
Regulierungsarbeiten wurden ab 1875, zunächst durch Errichtung von Sperren an den Talausgängen der Wildbäche, 1876
nächst Villach, dann flußaufwärts fortschreitend in der Schütt-
strecke (Unterwassersprengungen), jedoch bald an den jeweils

gefährdetsten Stellen durchgeführt; sie sind 1895 beendet gewesen und waren durch Hochwässer 1882, 1885, 1889 und 1891
gestört. Die Herbsthochwässer 1882 haben erkennen lassen,
daß nur Radien ab 800 m standhalten. Die ursprünglich 91,6 km
lange Strecke ab Wetzmann ob Kötschach-Mauthen ist durch
Durchstiche um 12,5% auf 79,6 km abgemindert worden. Die
Arbeiten sind auf die Abfuhr höherer Mittelwässer, und zwar
von 141 bis 167 m³/s, abgestellt gewesen, die Gerinnbreiten
stiegen von 32 m (Kötschach) auf 40 m (Schütt) bzw. 50 m
(abwärts Gailitz) an, es gelangten 100 km Parallelwerke und
16 km Querwerke zur Ausführung (vgl. Tab. 2).

Tabelle 2.

Gewässerstrecke	Länge in km		Kürzung um %	Gefälle ⁰/₀₀	
	von	auf		von	auf
Kötschach—Egg .	40,0	38,0	5	3,9	4,1
Egg—Schütt	30,1	22,6	33,2	0,75	1,0
Schütt	6,3	6,3	—	5,2	5,2
Schütt-Mündung .	15,9	13,9	7,8	1,4	1,6

Die Zollfeldentwässerung ist ab 1850 in Aussicht genommen gewesen, am 24. September 1891 wurde die Regulierung des Mittellaufes
der Glan begonnen, dieses Gewässer bei Einlösung von Wasserwerken
und Anlegung von Durchstichen (Laufkürzung 9,9 km) in die Tiefenlinie des Geländes verlegt; die Regulierungsstrecke beginnt bei Hörzendorf ob St. Veit a. d. Glan, 1900 war die Strecke von St. Peter bis zur
Mündung der Glanfurt fertiggestellt. Die Absenkung des Wasserstandes beträgt bis zu 1 m, die Entsumpfung eines Geländes von 1373 ha
wurde ermöglicht.

Das Projekt Struppi (vgl. Abb. 9) hatte die Versorgung des vormaligen Stadtgrabens von Klagenfurt mit Frischwasser vom Wörthersee, die Herstellung eines geregelten Abflusses beim „Roten Turm"
und eine Einfahrt für Holzschiffe beim Viktringer Tor bezweckt.

Ab 1860 sind für einzelne Baustellen an der Mur ab Graz
öffentliche Mittel bereitgestellt gewesen, die Regulierungsarbeiten von Graz bis zur Grenze gegen Ungarn sind in den
Jahren 1875 bis 1891, sodann nach Hochwasserschäden 1907 und
1916 ab 1925 durchgeführt worden. Diese Regulierungsstrecke
ist nunmehr 81,9 km lang, wovon 33,4 km auf die Grenzstrecke
gegen Jugoslawien entfallen. Es ist eine Laufkürzung um 12 km
erfolgt. Das Gefälle (Murau 5,2⁰/₀₀, Bruck 2,6⁰/₀₀) beträgt bei

Graz 2,0$^0/_{00}$, bei Mureck 1,5$^0/_{00}$, sodann 1$^0/_{00}$. Die Normalbreiten betragen ab Graz 61, sodann 68 und bei Radkersburg 76 m; die dortige effektive Breite betrug 200 bis 300 m. Der bisherige Landgewinn übersteigt 1000 ha. Auch an der Mur ist vormals Schiffahrt getrieben worden.

Die Regulierung der Enns von Espang (St. Martin a. d. Enns) bis zur Wenger Brücke beim Gesäuseeingang ist 1861 begonnen worden, die ursprünglich 109 km lange Strecke hat bis 1932 eine Abminderung auf 90 km erfahren. Bis 1875 sind 27 Durchstiche

Abb. 8. Oberinntal.

ausgeführt worden, wodurch die zugehörige Flußlänge von 60 auf 45 km verringert wurde. In den Jahren 1875 bis 1905 ist die Sicherung der Zwischenstrecken erfolgt, sodann wurde bis 1915 der Fluß von der Weißenbachmündung bei Markt Haus bis Pruggern, von Nerwein bis Gröbming und von Nieder-Öblarn bis Espang reguliert. Ab 1915 wurde die Strecke Gröbming—Nieder-Öblarn geregelt, es wurden Durchstiche bei Pruggern, Gröbming und Öblarn ausgeführt. Um die Jahrhundertwende war die Strecke Espang-Admont von 54,0 auf 39,0 km um 27,8^0/o gekürzt, das Gefälle von 0,50 auf 0,68$^0/_{00}$ erhöht. Die Strecke Admont—Wenger Brücke war von 8,55 auf 6,31 km um 25,8^0/o gekürzt, das Gefälle geringfügig auf 1,00$^0/_{00}$ erhöht. Die Eintiefungen betrugen nach einer Regulierungsdauer von 70 Jahren bei Schladming 0, bei Aich 1,0 m, bei St. Martin 0,8 m, bei Liezen

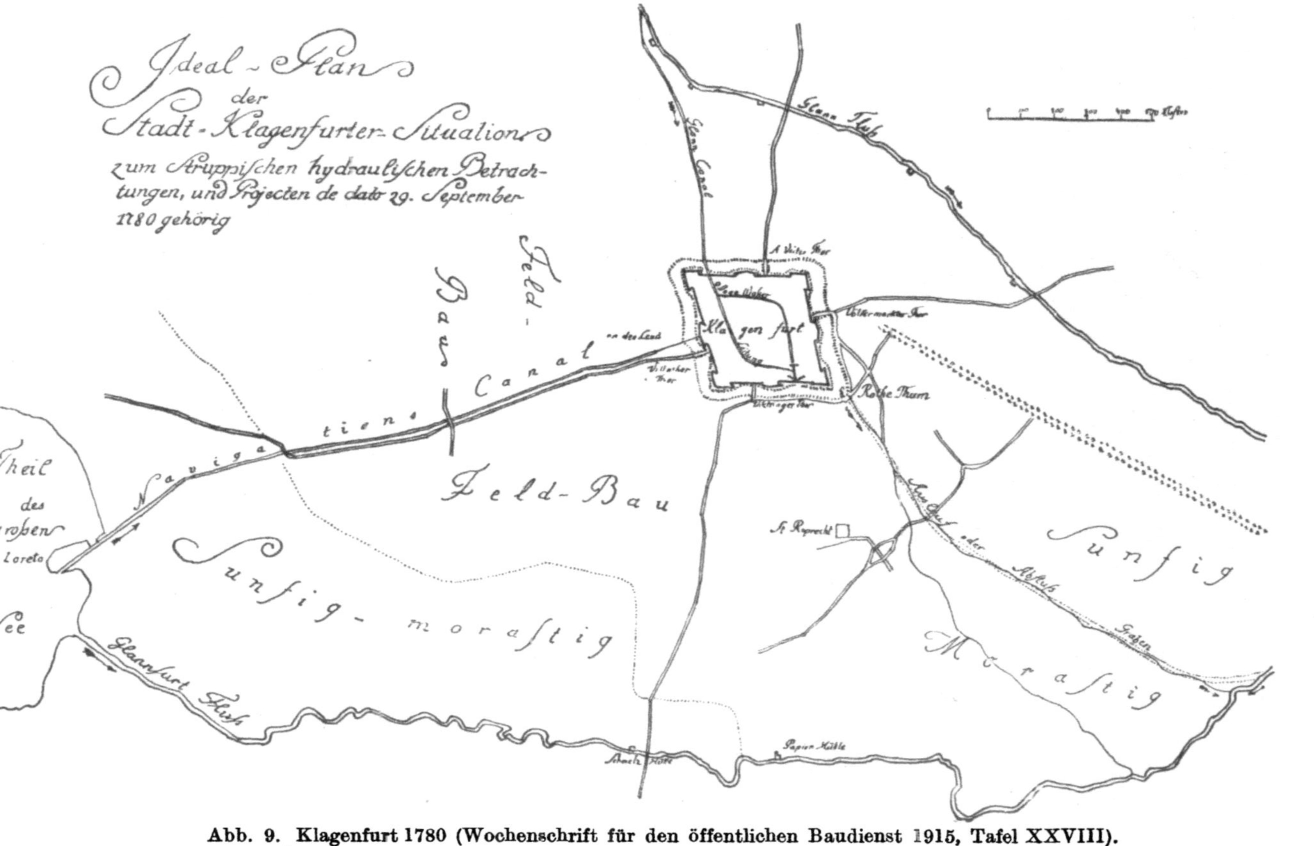

Abb. 9. Klagenfurt 1780 (Wochenschrift für den öffentlichen Baudienst 1915, Tafel XXVIII).

1,2 m, bei Frauenberg 2,3 m, bei Admont 2,3 m und am Gesäuseeingang 0 m. Die Torfmoore Irdning, Wörschach, Liezen, Selztal, Frauenberg und Admont wirkten als Sohlschwellen und verhinderten größere Eintiefungen. Die Regulierungsbreite der Enns steigt bis 90 m, zwischen Steyr und der Ennsmündung, an.

Zur Wildbachverbauung.

Vor dem Jahre 1882 sind Wildbachverbauungsarbeiten in der vormaligen Monarchie nur vereinzelt ausgeführt gewesen, vor allem außerhalb der Bundesgrenze, nämlich im Pustertal, Eisacktal, Etschtal und im Trentino. In Tirol war das Interesse an Hochwasserkatastrophen naheliegenderweise besonders rege, Notizen hierüber reichen bis in das 4. Jahrhundert zurück, ab dem 13. Jahrhundert sind die Angaben aus Chroniken ausführlicher. 1788 ist nach einem Vorschlag 1779 von Dr. Zallinger, Innsbruck, ein Aufruf zur Bekämpfung von Wildbachgefahren in Tirol erlassen worden, in welchem die Belassung von Schutzwäldern, Vermeidung von Kahlschlägen, Vorsorge bei Anlegung von Äckern, jährliche Besichtigung gefahrdrohender Gebiete, Vorkehrungen bei Holztrift u. v. a. empfohlen worden ist.

Nach Errichtung des Wildbachverbauungsdienstes aus Anlaß der Hochwasserschäden 1882 ergibt sich andeutungsweise Nachstehendes:

In Niederösterreich waren das Gebiet von Kirchschlag (Zöbernbach, Raabgebiet) und das obere Schwarzagebiet die ersten Arbeitsfelder. Kirchschlag ist am 14. November 1641, am 22. Juni 1658, am 2. August 1712, sodann 1723, 1735 usf. überschwemmt und verwüstet worden; die dortigen Arbeiten haben 1890 eingesetzt. Der seit 1858 in Gang befindlichen Leitharegulierung war wegen Geschiebefragen kein Erfolg beschieden gewesen, daher und wegen des Schutzes von Ortschaften wurden im Oberlauf (Preiner Wildbäche: Griesleitenbach, Rettenbach, 1894 bis 1901; Kreuzleithenbach bei Edlitz ab 1887) Arbeiten durchgeführt. Hirschwang im Höllental (Raxgebiet) wurde 1897/1899 durch Lawinenverbauungen gesichert.

In Oberösterreich ist ab 1885 der Hallstätter Mühlbach wegen Salzinteressen bearbeitet worden, das größte Unternehmen war die Regelung des Langbathbaches, der die Existenz von Ebensee bedroht hatte. Nachdem schon Ende Juli 1897 Verwüstungen in diesem Ort und Ablagerungen im Traunfluß eingetreten waren, hat sich ab Mitte September 1899 ein drei Wochen andauernder

Schuttstrom dorthin ergossen. Im Herbst 1901 war die Regulierung des Langbathbachunterlaufes fertiggestellt und damit die Hauptgefahr beseitigt.

Zell am See ist 1737, 1834, 1857, 1866, 1873 und 1884 durch den Schmittenbach verwüstet worden, die dortige Kirche steht tief in den Schuttmassen dieses Gewässers. Es wurde nicht nur dieser Bach beruhigt, sondern auch auf der Schmittenhöhe die erste Lawinenverbauung in Österreich ausgeführt. Eine 8 bis 10 m hohe Schneewächte hatte 1888 und 1892 ausgedehnte Waldvernichtungen im Schmittental, die auch Menschenleben gekostet haben, verursacht. Lawinenverbauungen sind später, u. a. am Arlberg, in großem Umfange ausgeführt worden. Nach einem Hochwasser im September 1903 sind hauptsächlich im Gebiet der Gasteiner Ache, auch zur Beruhigung der die Existenz von Badgastein berührenden Hirschenplaike, Arbeiten notwendig gewesen. Weitere große Arbeiten betrafen den Zauchbach bei Altenmarkt (nächst Radstadt), den Manlitzbach bei Uttendorf (Pinzgau) u. a.

In Tirol sind zunächst forstliche Arbeiten ausgeführt worden, die ersten Bauarbeiten betrafen das Zillergebiet (Riedbach, Kaltenbach, Aschauerbach) und den Enterbach bei Inzing.

In Vorarlberg war neben der Dornbirner Ache und der Emser Ache seit dem Staatsvertrag über die Rheinregulierung neben 36 anderen Wildbächen hauptsächlich die Schesa das Arbeitsgebiet. Diese Abrutschung im Glazialschutt ist die größte und tiefste Europas, sie ist 1,8 km lang, 0,5 km breit, bei 80 bis 100 m hohen Wänden 220 m tief und umfaßt 60 ha. Der erste Ausbruch des Schesatobels ist 1804 erfolgt, die Bachsohle ist durch den entstandenen Schuttkegel um 62,5 m gehoben worden. Bis 1934 wurden 97 Steinsperren (größte Sperrenlänge 200 m) errichtet.

In Kärnten haben sich die ersten Arbeiten auf das obere Drautal, das Mölltal und das Gailtal erstreckt. Steinfeld, das früher Schönfeld geheißen hat, ist 1323 und 1365 durch den Graabach verwüstet worden. 1851 sind dort zwei 12 m hohe Holzsperren errichtet worden; 1852 folgten zwei je 15 m hohe Sperren im Gnoppitzbach ob Greifenburg, 1865 eine Steinsperre im Pirkachergraben. Verwüstungen des Drautales waren 1823, 1848, 1851 und 1882 zu verzeichnen. Der Klausentalkofel zwischen Gößnitz und Fragant im Mölltal war 1827 ein kleines Gewässer, noch anfangs der Fünfzigerjahre nicht sehr bedeutend, hat jedoch ab 1859 den Gößnitzsee angestaut und mußte 1885/1894 beruhigt werden. Im Oselitzenbach (Gailtal) ist 1877 eine etwa

14 m hohe Sperre errichtet worden, die Erfahrungen über Kolk-
abwehr und Eisschäden ermöglicht hat.

Abb. 10. Schesatobel.

In Steiermark hat die Bautätigkeit 1888 mit dem Lichtmeß-
bach bei Admont begonnen. Die weiteren Arbeiten entfielen zunächst überwiegend auf die Gegend des Gesäuses und der oberen
Enns.

Literaturverzeichnis.

Dieses ist keineswegs als Bibliographie gedacht, sondern umfaßt hauptsächlich in den nachgenannten Zeitschriften bis einschließlich 1948 erschienene Veröffentlichungen mit Ausnahme der Kurzberichte der vormaligen Donauregulierungskommission über den jeweiligen Stand von Regulierungsarbeiten, über Finanzierungsfragen und Personalverhältnisse; auch sind solche Berichte der Rheinregulierungskommission zumeist nicht übernommen worden. Schließlich sind auch kleine Anzeigen über Regulierungsarbeiten („Wasserwirtschaft" ab 1920) nicht berücksichtigt worden. Jahresberichte von Regulierungskommissionen sowie Kollaudierungsoperate über durchgeführte Arbeiten, die als Geschichtsquellen dienen können, sind außer Betracht geblieben.

Abkürzungen:

Mo bzw. Wo... Monatsschrift für den öffentlichen Baudienst (ab 1. Januar 1895, vom 1. März 1901 bis einschließlich 1919 Wochenschrift, 1920 bis einschließlich 1921 Monatsschrift für den öffentlichen Baudienst und das Berg- und Hüttenwesen, Indexbücher bis 1908).

F .... (Försters) Allgemeine Bauzeitung (gegründet 1836 von Prof. Chr. Ludwig Förster, ab 1. Januar 1896 bis einschließlich 1918 amtliche Vierteljahrsschrift, Indexbücher bis 1908).

Z bzw. W .... Zeitschrift des österreichischen Ing.- u. Arch.-Vereins (1. Jahrgang 1849, von 1876 bis einschließlich 1891 außer der Zeitschrift auch Wochenschrift, unterbrochen 1939 bis einschließlich 1945, Indexbücher bis 1902).

WW .... Ab 1. November 1908 „Die Wasserkraft" bis einschließlich 1910, sodann 1911 bis einschließlich 1934 „Die Wasserwirtschaft", 1935 bis einschließlich 1937 „Wasserwirtschaft und Technik". Ab 1. Juni 1949 „Österreichische Wasserwirtschaft".

B .... Österreichische Bauzeitschrift, ab 1946.

I. Übersichten.

1. Weber-Ebenhof: Über Gewässerregulierungen und Wildbachverbauungen in den österreichischen Alpenländern. W 1886, S. 155, 180.
2. Schrey, Weber-Ebenhof, Herbst, Florian: Die Entwicklung des Wasserbaues in Österreich 1848 bis 1898, Wien 1899, bei Perles.
3. Herbst: Über Flußregulierungen. Z 1900, S. 576.
4. Semsch: Die Regulierung der wichtigsten Grenzgewässer Österreichs. WW 1936, S. 280.
5. Holenia: Die Bedeutung und die Aufgaben der Wasserwirtschaft. WW 1936, S. 366.
6. Riediger: Die staatlichen Maßnahmen auf dem Gebiete der Gewässerregulierungen, den gegenwärtigen Stand dieser Maßnahmen und die Rentabilität der Wasserbauten. WW 1936, S. 373.
7. Riediger: Tätigkeitsbericht über die seit Beginn 1945 durchgeführten Gewässerregulierungen. WW 1949, S. 8.

II. Donau mit Donaukanal und Wienfluß.

1. Forgach: Über die zweckmäßigste Führung des Donaustromes in der Höhe Wiens mit Inbegriff des Wr. Donaukanals. Becks Universitätsbuchh., Wien 1840.
2. Die Regulierung der Donau und die Errichtung einer stabilen Brücke über dieselbe bei Wien. F 1850, S. 41.
3. Baumgartner: Vorschriften über die Beschiffung des Strudels und Wirbels der Donau. F 1860, S. 18, 65, 72.
4. Riener: Bemerkungen über die Überschwemmungen der Donau bei Wien. Z 1862, S. 96.
5. Langer: Schutz Wiens gegen die Donau. Z 1862, S. 126.
6. Pasetti: Notizen über die Donauregulierung bis zu Ende des Jahres 1861. Wien, Staatsdruckerei 1862.
7. Baumgartner: Die Regulierungsbauten an der Donau in Oberösterreich. F 1862, S. 83.
8. Die Donauregulierung nächst Wien. Z 1863, S. 95.
9. Riener: Die Regulierung der Donau von Fischamend bis Hainburg. Z 1863, S. 141.
10. Riener: Verbesserungen am Wienflusse. Z 1863, S. 236.
11. Köstlin: Wienflußregulierung. Z 1864, S. 15.
12. Bömches: Donauregulierung. Z 1865, S. 40.
13. Riener: Grundsätze, nach welchen bei der Regulierung großer Flüsse vorzugehen ist, mit besonderer Rücksicht auf die Donau bei Wien. Z 1865, S. 44.
14. Wawra: Über die bisherigen Vorgänge in Angelegenheit der Donauregulierung bei Wien. Z 1865, S. 53.
15. Die Regulierung der Donau bei Wien, Komiteebericht. Z 1866, S. 223.
16. Riener: Die Regulierung der Donau von Wien bis Hainburg. Z 1867, S. 4, 25.

17. Podhagsky, Wawra: Donauregulierung bei Wien. Z 1867, S.48.
18. Zur Frage der Donauregulierung nächst Wien. Z 1867, S. 156.
19. Die Donauregulierung bei Wien. Z 1868, S. 99, 139, 173, 220.
20. Bestimmung der Bauleitung der Donauregulierung. Z 1869, S. 119.
21. Morawitz: Sondierungen des Donaustromes bei Wien. Z 1870, S. 27.
22. Inaugurierung der Donauregulierungsarbeiten. Z 1870, S. 105.
23. Wex: Die Donauregulierung bei Wien. Z 1871, S. 147, 157.
24. Donauregulierung bei Wien, Baubericht. Z 1871, S. 248.
25. d'Avigdor: Über die Regulierung des Wienflusses. Z 1873, S. 161.
26. Wex: Einleitung der Donau in ihr neues Bett. Z 1875, S. 181.
27. Wex: Über die Donauregulierung bei Wien. Z 1876, S. 77.
28. Wex (1. Dezember 1875): Wiener Donauregulierung. Verein zur Verbreitung naturwissenschaftlicher Kenntnisse, Band XVI.
29. Wex: Beseitigung von Schiffahrtshindernissen bei der Herstellung des Durchstiches bei Wien. W 1876, S. 52.
30. Wex: Die Wirkung der bisher ausgeführten Donauregulierungsarbeiten auf die Beseitigung der Überschwemmungsgefahr für Wien. W 1876, S. 130.
31. d'Avigdor, Wex, Engerth: Donauregulierung und Sperrschiff bei Wien. W 1876, S. 153.
32. Deutsch, Wex: Subjektive Anschauungen über die Donauregulierung bei Wien. W 1876, S. 317, 325.
33. Lederer: Zur Donauregulierung bei Wien. F 1876, S. 74.
34. Pichler: Studie über die Schiffahrtsverhältnisse am Struden bei Grein. W 1877, S. 20.
35. Mahler: Felsensprengung in der Donau nächst Nußdorf. W 1878, S. 127, 131.
36. Wex, Lorenz: Über die Fortschritte der Ausbildung des neuen regulierten Donaustrombettes bei Wien und über die hiebei gemachten Erfahrungen. W 1879, S. 194, 209.
37. Ölwein: Die Wienregulierung und das Projekt der Wiental-wasserleitung. W 1880, S. 105, 109, 114.
38. Fortsetzung der Donauregulierung. Z 1881, S. 241.
39. Melan: Das Wienflußregulierungsprojekt des Stadtbauamtes. W 1882, S. 300, 308.
40. Wienflußregulierung, Expertenbericht. W 1882, S. 247, 259.
41. Wienflußregulierung und Stadtbahn. W 1883, S. 8.
42. Berger: Wienflußregulierungsprojekt des Stadtbauamtes. W 1883, S. 34, 43, 51.
43. Engerth: Das Schwimmtor zur Absperrung des Wiener Donaukanals. C. Gerolds Sohn, Wien 1884.
44. Kettenschiffahrt auf der oberen Donau. Z 1885, S. 11.
45. Expertenbericht über die Wienflußregulierung. W 1886, S. 277, 382.
46. Bericht der Experten über die Wienflußregulierung. Verlag des Gemeinderatspräsidiums 1886.
47. Bericht des Stadtbauamtes über die Wienflußregulierung. Verlag des Gemeinderatspräsidiums 1886.

48. Ölwein: Wienflußregulierung. W 1887, S. 18.
49. Regulierung des Wiener Donaukanals. W 1887, S. 312.
50. Wienflußregulierung. W 1888, S. 180.
51. Lorenz-Liburnau: Die Donau, ihre Strömungen und Ablagerungen. C. Gerolds Sohn, Wien 1890.
52. Rößler: Regulierung des Donau-Struden. Z 1891, S. 110.
53. Projekt der Regulierung des Wienflusses. Z 1894, S. 2.
54. Bömches: Die Donau von Regensburg bis Turn-Severin in ihrem heutigen Zustande. Z 1894, S. 342, 352, 357, 370.
55. Fresl: Die Regulierung der Donau bei Linz. Mo 1895, S. 4.
56. Wießner: Bombenfunde bei den Regulierungsarbeiten am Donaustruden. Mo 1895, S. 90.
57. Hermanek: Die Regulierung und Einwölbung des Wienflusses. Z 1895, S. 76.
58. Baumeister: Die Weidlingauer Reservoiranlagen der Wienflußregulierung. Z 1895, S. 581.
59. Berger: Wienflußregulierung. Z 1896, S. 209.
60. Weber-Ebenhof: Anlage eines Winterhafens und die Regulierung der Donau für Niederwasser bei Linz. Mo 1896, S. 61.
61. Weber-Ebenhof: Niederwasserregulierung der Donau. Mo 1896, S. 361.
62. Weber-Ebenhof: Bau des neuen Winterhafens in Linz. Mo 1896, S. 473.
63. Stern: Winterhafen bei Linz. Mo 1897, S. 251.
64. Taussig: Über die Arbeiten zur Umwandlung des Wiener Donaukanals in einen Handels- und Winterhafen. Z 1897, S. 209, 225, 229.
65. Stern: Studie zur Normalisierung der Donau bei Linz. F 1897, S. 1.
66. Vollendung der Donauregulierung in Niederösterreich. Mo 1898, S. 133.
67. Die Donauregulierung in der Jubiläumsausstellung 1898. Mo 1898, S. 284.
68. Hofer: Die Wientalwasserleitung und der Stauweiher bei Tullnerbach. F 1898, S. 53.
69. Weber-Ebenhof: Freudenauer Winterhafen. Mo 1899, S. 222.
70. Prokesch: Beitrag zur Geschichte des Wiener Donaukanals. Mo 1899, S. 372.
71. Die Donauregulierung in Niederösterreich auf der Weltausstellung in Paris 1900. Mo 1900, S. 135.
72. Herbst: Regulierung der Donau auf Niederwasser bei Linz. Wo 1901, S. 260.
73. Weber-Ebenhof: Sicherstellung der Niederwasserregulierung der Donau in Österreich. Wo 1901, S. 402.
74. Jesovits: Die Korrektion der Donau bei Schilddorf. Wo 1901, S. 587.
75. Herbst: Ausbildung der Fahrrinne in der österreichischen Donau. Wo 1902, S. 131.
76. Eröffnung des Freudenauer Winterhafens. Wo 1902, S. 789.
77. Halter: Über Donauregulierungsbauten bei Wien. Z 1902, S. 79.

78. **Grohmann:** Betonierungen unter Wasser bei der Schleusenanlage in Nußdorf. Z 1902, S. 513, 537, 561, 614.
79. **Kleinhans:** Bau des Marchfeldschutzdammes. Z 1903, S. 128.
80. **Walter:** Die in den Strecken Bisamberg—Stockerau der Nordwestbahn ausgeführten Schutzbauten gegen Donauhochwässer. Z 1903, S. 345.
81. **Swetz:** Die Holzrechenanlage in den Hochwasserbehältern des Wienflusses bei Weidlingau. Z 1903, S. 409.
82. **Thiel:** Geschichte der Donauregulierungsarbeiten bei Wien. Jahrbuch für Landeskunde von Niederösterreich, Jg. 1903, S. 121, Jg. 1905/6, S. 1.
83. Über die Nußdorfer Schiffahrtshindernisse. Wo 1904, S. 256.
84. **Schmied:** Die Nußdorfer Schiffahrtshindernisse, ihre Beseitigung und Geschichte. Z 1904, S. 304, 517, 522.
85. **Baumeister:** Die elektrischen Wasserstandsfernmeldeapparate bei den Wienflußregulierungsanlagen in Hadersdorf-Weidlingau. Z 1904, S. 565.
86. Der Schutz- und Winterhafen in der Freudenau. Wo 1906, S. 281.
87. **Engels:** Versuche über die Verlandung der Einfahrt des Freudenauer Winterhafens bei Wien. Z 1907, S. 132.
88. Ausgestaltung des Freudenauer Hafens. Wo 1909, S. 81.
89. **Lauda, Bozdech, Sueß u. a.:** Ergänzung der Hochwasserschutzmaßnahmen in der Wiener Donaustromstrecke. Z 1910, S. 490.
90. **Waldvogel:** Wien von den Hochfluten der Donau dauernd bedroht. Z 1910, S. 497.
91. Bau der Staustufe „Kaiserbad" im Wiener Donaukanal. F 1910, S. 1.
92. Vermehrter Hochwasserschutz für Wien, Beschlüsse der Donauregulierungskommission. WW 1911, S. 23.
93. Die Donauregulierung in Niederösterreich. WW 1911, S. 333.
94. **Grengg:** Der Einfluß der Donauregulierung in Niederösterreich auf die Herabminderung der Eisstoßgefahren. Vbd. f. Binnenschiffahrt, bei Troschel, Gr.-Lichterfelde 1911.
95. Die Zukunft des Wiener Donaukanals. WW 1912, S. 301.
96. **Ölwein:** Talsperre der Wientalwasserleitung bei Unter-Tullnerbach. Z 1914, S. 259.
97. Die Verlängerung der Wienflußeinwölbung. Z 1914, S. 711.
98. **Paul:** Die Verlängerung der Wienflußeinwölbung. Z 1915, S. 145, 161.
99. **Reich:** Die Regulierung der Donau in Niederösterreich. WW 1915, S. 102.
100. Ausgestaltung des Freudenauer Donauhafens. WW 1915, S. 245.
101. **Reich:** Die niederösterreichische Donau als Großschiffahrtsstraße. Wo 1916, S. 489.
102. **Erben:** Ein Winter- und Verkehrshafen in Krems. WW 1917, S. 139.
103. **Goldemund:** Die Ausgestaltung der Donauregulierung bei Wien. Z 1918, S. 217.
104. Das erste Dampfschiff auf der Donau. WW 1918, S. 271.

105. Klunzinger: Die Ausgestaltung des Wiener Donaukanals zum
     Hafen. Z 1919, S. 109.
106. Brandl: Die Regulierung der Donau als Schiffahrtsstraße.
     WW 1920, S. 47, 51, 59, 71.
107. Die Schiffahrtsstraßen und Hafenanlagen bei Wien. WW 1921,
     S. 37.
108. Rosenauer: Die Regelung des Aschacher Kachlets und des
     Strudels an der Donau. Mo 1922, S. 89.
109. Brandl: Die Wiener Hafenanlagen. WW 1922, S. 270, 283.
110. Brandl: Die Ausgestaltung der Hafenanlagen in Wien. Mo 1923,
     S. 180, 200.
111. Erben, Brandl: Das Donauhafenprojekt. WW 1923, S. 81,
     92, 105.
112. Brandl: Der Wiener Donaukanal als Schiffahrtsstraße und
     Werkskanal. WW 1923, S. 161.
113. Erben: Ein Donauhafen bei Krems. Z 1923, S. 238.
114. Brandl: Die Bedeutung der Donauregulierung für den Schutz
     des Uferlandes. WW 1924, S. 123, 143.
115. Sachs: Die niederösterreichische Donau und der Donaudurch-
     stich bei Wien. WW 1925, S. 312.
116. Reich: Die österreichische Donau, ihre Bedeutung für die Groß-
     schiffahrt und für die Wasserkraftnutzung. WW 1926, S. 345.
117. Erben: Donauhafenprojekt für Krems. WW 1926, S. 410.
118. Die Ausgestaltung der Hochwasserschutzanlagen und der Schiff-
     fahrtsstraße bei Wien. WW 1927, S. 295.
119. Brandl: Die Entwicklung der Schiffahrtsstraße der Donau.
     WW 1927, S. 546.
120. Ammer: Neue Wege und Mittel des Flußbaues bei der Re-
     gulierung der Donau in Niederösterreich. WW 1928, S. 141, 165,
     175, 199, 216.
121. Halter: Die internationalen Hochwasserschutzbestrebungen und
     die Wiener Donaufragen. Z 1929, S. 7, 38, WW 1929, S. 6, 19, 38.
122. Grünhut: Zur Frage des Hochwasserschutzes von Wien.
     Z 1929, S. 90.
123. Tillmann: Zur Morphologie des Donaustrombettes bei Wien
     seit 1880. WW 1929, S. 41.
124. Böck: Die Umbildungen des Strombettes der Donau. WW 1929,
     S. 518, 534, 545.
125. Der Eisstoß an der österreichischen Donau im Winter 1928/29.
     WW 1932, S. 99.
126. Vollendung der Hochwasserschutzarbeiten für Wien und das
     Marchfeld. Z 1935, S. 277.
127. Die Vollendung der Arbeiten zur Verbesserung des Hochwasser-
     schutzes für Wien und das Marchfeld. WW 1935, S. 320.
128. Parger: Die Grundsätze der Donauregulierung in Österreich.
     WW 1937, S. 89.
129. Jurina: Donaudurchstich bei Wien und seine Geschiebeverhält-
     nisse. WW 1937, S. 296.

130. Erben: Der Kremser Donauhafen und die Fortsetzung der Hochwasserschutzdämme in Schlickendorf. Z 1948, S. 167.

Anmerkung: Fragen des Donauverkehrs (Veröffentlichungen überwiegend WW ab 1920)* sind in der vorstehenden Liste nicht berücksichtigt, über dessen Rechtsgrundlagen vergleiche:
Krieg: Das zwischenstaatliche Recht der Donauschiffahrt von den Römern bis zum Pariser Vertrag 1856, WW 1928, S. 22.
Eine Bibliographie für die Donau bis Passau ist in den „kleinen Mitteilungen des Vereins für Wasser-, Boden- und Lufthygiene", Berlin-Dahlem 1936, zusammengestellt bis Oktober 1934, erschienen.

III. Bundesländer.

1. Schmid: Über die Regulierung des Thayaflusses an der österreichisch-mährischen Grenze in der Gegend bei Laa. F 1838, S. 2, 9, 17.

---

* Vgl. auch:

Meidinger: Die Donau und ihre schiffbaren Nebenflüsse und Kanäle. Frankfurt a. Main: Hermannsche Buchhandlung, Diesterweg, 1861.
Fritsch: Über die konstanten Verhältnisse des Wasserstandes der Donau bei Wien. Mathematisch-naturwissenschaftliche Klasse der Akademie der Wissenschaften, Band XV, Jg. 1885, II, S. 169.
Schiffbarkeit der Flüsse, 1. Heft: Donau und Nebenflüsse; deutsch-österreichisch-ungarischer Verband für Binnenschiffahrt. Berlin: Siemenroth und Troschel, 1887.
Stern: Ausbildung der Fahrrinne der oberösterreichischen Donau. Berlin-Grunewald: Troschel, 1903.
Die Donauschiffahrt und die erste privilegierte Donaudampfschiffahrtsgesellschaft. Wien: Verlag der Donaudampfschiffahrtsgesellschaft, 1909.
Die Winterhafen an der Donau, Theiß, Drau und Save. Budapest: Pallas A. G., 1909.
Schriften der in Budapest am 4. September 1916 abgehaltenen Donaukonferenz. Budapest: Patria, liter. Unternehmen und Druckerei A. G., 1916.
Sereß: Donaujahrbuch 1917, I. Jahrgang. Wien-Leipzig: Selbstverlag, 1917.
C. V. Suppan: Die Donau und ihre Schiffahrt. Wien: Selbstverlag, 1917.
H. F. Habsburg: Die Wasserstraßen Mitteleuropas. Wien: Deuticke, 1917.
Piskacek: Die Donau als Rückgrat eines mitteleuropäischen Wasserstraßennetzes. Wien: Waldheim-Eberle, 1917.
Wien und die Donau, Verlag des österreichischen Ingenieur- und Architektenvereines, 1917.

2. **Stopfl**: Marchdurchstiche beim Bau der Nordbahn. F 1839, S. 281.

3. **Herman**: Die Einmündung der March in die Donau bei Theben. W 1886, S. 315.

4. Marchregulierung. Mo 1895, S. 174.

5. **Weber-Ebenhof**: Die Regulierung der March. Mo 1895, S. 277.

6. **Crugnola**: Zur Marchregulierung. Mo 1896, S. 230.

7. **Weber-Ebenhof**: Die Regulierung der Thaya und ihr Einfluß auf die Abflußverhältnisse der March und der Donau. F 1897, S. 61.

8. Die Entwicklung der Flußregulierungen, Bodenmeliorationen und Wildbachverbauungen in Niederösterreich 1848—1898. Ld. u Forstw. Jubil.-Ausst. Wien 1898. Hof- u. Staatsdruckerei, herausgeg. v. nd. öst. Landesausschusse.

9. Flußregulierungen in Niederösterreich. Wo 1901, S. 501.

10. **Wodicka**: Sirningbachregulierung bei St. Pölten. Wo 1901, S. 699.

11. Die Regulierung des Marchflusses und die Herstellung des Marchfeldschutzdammes. Wo 1902, S. 183.

12. Flußregulierungen in Niederösterreich. Wo 1902, S. 365.

13. Die Regulierung der March in Niederösterreich. WW 1912, S. 303

14. **Grünhut**: Marchregulierung in der Grenzstrecke zwischen Österreich und Ungarn. Wo 1913, S. 289.

15. Die Entwicklung des Wasserbaues, der Flußregulierungen und Wildbachverbauungen im Erzherzogtum Österreich unter der Enns. Herausgeg. v. nd. öst. Landesausschusse 1913, Intern. Baufach-Ausst. Leipzig 1913.

16. Marchregulierungsarbeiten. WW 1914, S. 372.

17. Inangriffnahme der Marchregulierung. WW 1914, S. 404.

18. **Grünhut**: Die Inangriffnahme der Marchregulierung in der Grenzstrecke gegen Ungarn. Wo 1915, S. 189, 205.

19. **Schumann**: Flußregulierungen in Niederösterreich zur Kriegszeit. Wo 1915, S. 790.

20. **Hofer, Jaburek**: Kehrbachregulierung und Wasserkraftanlage in Wiener Neustadt. WW 1915, S. 5; Z. 1918, S. 530; WW 1919, S. 18; Z 1926, S. 85.

21. **Grünhut**: Fortführung der Marchregulierungsarbeiten. Wo 1916, S. 70.

22. Der Stand der Marchregulierung. WW 1927, S. 160, 234, 467.

23. **Breitenfelder**: Flußregelungen in Niederösterreich. WW 1936, S. 321.

24. **Herbst**. Traunregulierung. Mo 1895, S. 124.

25. Traunregulierungsenquete. Mo 1898, S. 268.

26. **Herbst**: Die Ergebnisse der Expertise über die Regulierungsarbeiten an der unteren Traun. F 1900, S. 34.

27. Rybicka: Studie über den Einfluß der Regulierung der Donau nächst der Traunmündung auf die Traunflußverhältnisse in der Mündungsstrecke und nächst Ebelsberg-Kleinmünchen. F 1900, S. 46.

28. Klunzinger, Ölwein: Regulierung der Abflußverhältnisse des Traunsees bei Gmunden. F 1901, S. 59.

29. Flußregulierungs- und Wildbachverbauungsaktion in Oberösterreich. Wo 1902, S. 590.

30. Umfahrer: Die Traun als Schiffahrtsstraße einst und jetzt. Wo 1903, S. 486, 504.

31. Stern: Die Gewässerregulierung in Oberösterreich. Wo 1904, S. 887; Wo 1906, S. 53; Wo 1907, S. 26.

32. Rybicka: Die Regulierung der Traun auf Kleinwasser in der Strecke Ebelsberg-Kleinmünchen bis Traunmündung. Wo 1906, S. 387; F 1907, S. 8.

33. Jesovits: Flußregulierung mittels Fangwerken. Wo 1910, S. 71.

34. Traunschiffahrt, Auflassung. WW 1914, S. 68.

35. Gall: Wasserbauten und Handelspolitik Oberösterreichs während der Reformationszeit. Wo 1918, S. 192.

36. Jesovits: Ennsregulierung mittels Fangwerken. Wo 1919, S. 181.

37. A. Jahn: Geschiebeführung und Wasserkraftanlagen an der unteren Traun. WW 1921, S. 77.

38. Rosenauer: Die Geschiebeführung an der unteren Traun. WW 1921, S. 112.

39. Umfahrer: Innschiffahrt. WW 1921, S. 232.

40. Schiffbarmachung des Inn. WW 1924, S. 89.

41. Innregulierung in Oberösterreich. WW 1925, S. 334.

42. Kuich: Regulierung der nichtärarischen Gewässer Oberösterreichs in der Nachkriegszeit. WW 1931, S. 441, 463, 513, 567.

43. Trappl: 50 Jahre landwirtschaftlicher Wasserbau in Oberösterreich. WW 1936, S. 219.

44. Kuich: Die Regelung der Trattnach in Oberösterreich. WW 1936, S. 335.

45. Waltl: Der natürliche Wasserbau an Bächen und Flüssen. Amt der oberöst. Landesregierung, Linz 1948.
Weitere Angaben vgl. Rosenauer: „Wasser und Gewässer in Oberösterreich." Oberöst. Landesbaudirektion, Linz 1946.

46. Wagner: Uferschutzbauten (an der Salzach) der Salzburg-Tiroler Bahn. F 1881, S. 85.

47. Salcher: Die Behebung der Hochwasserschäden vom September 1920 am Almflusse bei Oberalm. Mo 1924, S. 171.

48. Fiebich-Ripke: Regulierung der Glan bei Salzburg. WW 1936, S. 329.

49. Krapf: Lechregulierung auf österreichischem Gebiet. Wo 1909, S. 317.

50. **Krapf**: Der Wasserbau in Tirol. Verlag des Tiroler Landesausschusses, Innsbruck 1910.

51. **Duhm**: Die Niederwasserregulierung in der tirol-bayrischen Grenzstrecke des Inn. Mo 1920, S. 88, 95.

52. **Krapf**: Die Innschiffahrt. Die Wasserkraft (München), 1922, S. 410.

53. Die Innregulierung in Österreich. WW 1924, S. 47.

54. **Hussak**: Die Innregulierung in Tirol. WW 1936, S. 304.

55. **Beger** und **Binder**, Erwiderung **Kink**: Die Korrektion des Rheins im Gebiete von Österreich und der Schweiz. F 1872, S. 134, 366.

56. **Ölwein**: Die Überschwemmungen des Rheins in Vorarlberg und die Geschichte der Rheinregulierung. W 1891, S. 148, 317.

57. **Ölwein**: Die Entwicklung der Bodenseeschiffahrt. Z. 1892, S. 293.

58. **Krapf**: Die Rheinregulierung. Mo 1896, S. 335; Mo. 1897, S. 212; Mo 1898, S. 391.

59. **Krapf**: Einzelne Mitteilungen über die in Ausführung stehende internationale Rheinregulierung in Vorarlberg. F 1900, S. 87.

60. **Krapf**: Einleitung des Rheins in das neue Bett des Fußacher Durchstichs. Mo 1900, S. 214.

61. **Krapf**: Die Geschichte des Rheins zwischen dem Bodensee und Ragaz. Schriften des Vereins für Geschichte des Bodensees 1901, S. 119 (Heft 30).

62. Die Rheinregulierung zwischen Vorarlberg und der Schweiz. Wo 1902, S. 575.

63. Fortführung der Regulierungsarbeiten an der schweizerisch-österreichischen Grenze in Vorarlberg. Wo 1904, S. 747.

64. Rheinregulierung und Diepoldsauer Durchstich. Wo 1909, S. 347.

65. Vom Diepoldsauer Rheindurchstich. WW 1914, S. 175.

66. Jahresbericht der internationalen Rheinkommission 1914. Wo 1915, S. 757.

67. Jahresbericht der internationalen Rheinregulierungskommission für 1915. Wo 1917, S. 139.

68. **Krapf**: Regulierung des Ill unterhalb Feldkirch und Untersuchungen über den Einfluß des Wasserentzuges auf die Geschiebebewegung. Wo 1919, S. 506.

69. **Krapf**: Die Schwemmstofführung des Rheins und anderer Gewässer. Wo 1919, S. 565, 577, 589.

70. Die österreichisch-schweizerische Rheinregulierung im Jahre 1919. WW 1920, S. 149.

71. **Semsch**: Jahresbericht der internationalen Rheinkommission 1919. Mo 1921, S. 183.

72. Ausbau der Rheinschiffahrt oberhalb des Bodensees. WW 1921, S. 327.

73. Krapf: Die Verlandungen des abgeleiteten Rheins im Bodensee und ihre Beziehung zur Rheinregulierung. Mo 1924, S. 110.
74. Kapaun: Nachruf Negrelli. Z 1929, S. 440.
75. Krapf: Etwas über das Wesen und die Behandlung von Gebirgsflüssen. Wasserkraft u. Wasserwirtschaft (München) 1933, S. 133, 145, 161, 176, 216.
76. Mäser: Überfallschwellen mit Kolkbett. WW 1935, S. 17.
77. Mäser: Die österreichisch-schweizerische Rheinregulierung. WW 1935, S. 145.
78. Die ständig fortschreitende Auflandung in der St. Gallener Rheinstrecke. WW 1936, S. 112.
79. Nesper: Die Frutzregulierung in Vorarlberg. WW 1936, S. 339.
80. Krapf: Die österreichisch-schweizerische Rheinregulierung zwischen der Ill-Mündung und dem Bodensee. WW 1937, S. 223.
81. Runtscheiner: Nachruf Negrelli. Z 1946, S. 17.

82. Grueber: Die Gailflußregulierung in den Hochwasserkatastrophen vom Herbste 1882. Z. 1883, S. 1.
83. Kovatsch: Gebirgsflußregulierungsstudien im oberen Gailgebiet während der Herbsthochwässer des Jahres 1882. Z 1883, S. 145.
84. Grueber: Die Regulierung des Gailflusses in dem Abschnitte „Nötsch-Schütt". Z 1889, S. 1.
85. Umfahrer: Durchstiche an geschiebeführenden Flüssen. Mo 1898, S. 292.
86. Grueber: Nachruf Struppi. Wo 1915, S. 237.
87. Grueber: Ein Wasserbauprojekt aus dem Jahre 1801. Wo 1915, S. 293; WW 1915, S. 161.
88. Herold: Die Regulierung des Glanflusses im Mittellauf. Wo 1915, S. 425.
89. Neudecker: Die Wölfnitzregulierung. WW 1935, S. 240.
90. Daumann: Zum Bauwesen in Oberkärnten. Landesarchiv Geschichtsverein Klagenfurt, 1935.
91. Schütz, Wachernig: Die Gailregulierung in Kärnten. WW 1936, S. 311.
92. Simma: Motorbootfahrten auf der Kärntner Drau. WW 1937, S. 112.

93. Hochenburger: Murregulierung in Steiermark. Verlag des Ministeriums des Innern, Wien 1894.
94. Flußregulierungen in Steiermark. Wo 1913, S. 851.
95. Hauszer: Über die steirische Enns und ihre Regulierung. WW 1924, S. 183.
96. Hauszer: Die Murregulierung von Graz bis Radkersburg. WW 1929, S. 52.
97. Keller: 70 Jahre steiermärkische Ennsregulierung. WW 1932, S. 34.

98. **Keller**: Die steiermärkische Ennsregulierung Mandling—Gesäuseeingang. WW 1932, S. 353, 373, 380; WW 1933, S. 273, 292, 304, 372, 415, 429, 452, 510.
99. **Keller**: Der freiwillige Arbeitsdienst bei der steiermärkischen Ennsregulierung. WW 1934, S. 173.

100. **Vavrecka**: Die Regulierung der Leitha von ihrem Eintritt in die Tiefebene an. WW 1936, S. 342.

IV. Wildbachverbauung.

(Bautechnischer Teil.)

1. **Wex**: Verbauung der Wildbäche. Z 1858, S. 13.
2. **Hilbe**: Der Talsperrenbau in seiner Anwendung bei Verbauung der Wildbäche, mit besonderer Rücksicht auf Tirol. Z 1860, S. 146.
3. **Riedel**: Über Geschiebeführung und Murgänge der Wildbäche nebst ihrer Bedeutung für die Arlbergbahn. Z 1871, S. 113, 151.
4. **Grueber**: Die Oselitzen-Talsperre. W 1888, S. 347.
5. Denkschrift über die von der Landeskommission für die Regulierung der Gewässer in Tirol aus Anlaß der Überschwemmung vom Jahre 1882 ausgeführten bautechnischen Arbeiten. Wien 1893, Spielhagen u. Schurich.
6. **Ackerbauministerium**: Die Wildbachverbauung in den Jahren 1883 bis 1894. Wien 1895, Staatsdruckerei.
7. Die Wildbachverbauung in Tirol und Vorarlberg. Mo 1897, S. 141.
8. Die staatliche Tätigkeit auf dem Gebiete der Wildbachverbauung. Mo 1898, S. 281.
9. Die Wildbachverbauung im Gail- und Lesachtal. Mo 1898, S. 460.
10. **Herbst**: Die Wildbachverbauung im Gail- und Lesachtal. Mo 1899, S. 36.
11. Wildbachverbauung in Steiermark. Mo 1899, S. 479.
12. Wildbachverbauung in Salzburg Mo 1900, S. 68.
13. Wildbachverbauung in Niederösterreich. Mo 1900, S. 128.
14. Wildbachverbauung in Oberösterreich. Mo 1900, S. 131.
15. Wildbachverbauung in Tirol und Vorarlberg. Mo 1900, S. 297.
16. Die Wildbachverbauung auf der Pariser Weltausstellung 1900. Mo 1900, S. 316.
17. Die Schmittenbachverbauung in Zell am See. Wo 1901, S. 61.
18. Wildbachverbauung in Oberösterreich. Wo 1901, S. 116.
19. **Pokorny**: Verbauung von Schneelawinen. Wo 1901, S. 238.
20. **Pokorny**: Lawinenverbauung Schmittental Zell am See. Wo 1901, S. 263.
21. Eine Verordnung über Vorkehrungen gegen Wildbachverheerungen aus dem Jahre 1788. Wo 1901, S. 829
22. Wildbachverbauung in Kärnten. W 1903, S. 156.
23. **Wang**: Die Wildbachverbauung in den einzelnen Kulturstaaten. Z 1903, S. 158.

24. Strele: Die Verbauung des Langbathbaches im Salzkammergute. F 1904, S. 29.
25. Die staatliche Tätigkeit auf dem Gebiete der Wildbachverbauung. Wo 1905, S. 125.
26. Pokorny: Die Hochwasserkatastrophe im September 1903 in Salzburg. Wo 1905, S. 169.
27. Pollack: Über Erfahrungen im Lawinenverbau in Österreich. Z 1906, S. 145, 161, 177.
28. Die Wildbachverbauungen im österreichischen und schweizerischen Rheingebiete. Wo 1907, S. 48.
29. Wang: Die Verbauung der Preiner Wildbäche. Wo 1908, S. 129.
30. Stini: Hochwässer und Murbrüche im Zillertal. Wo 1909, S. 92, 572.
31. Wang: Die Wildbachverbauung in den Jahren 1883 bis 1908. Wo 1909, S. 677.
32. Pollack: Altes und Neuestes über Lawinen und Lawinenverbauung. Z 1911, S. 268.
33. Regulierung des Haselbaches bei Waidring. WW 1911, S. 308.
34. Die Wildbachverbauung in den einzelnen Kulturstaaten. Wo 1913, S. 814.
35. Wang: Über Wertschätzung von Wildbachverbauungen. Wo 1915, S. 153.
36. Bierbaumer, Siegl: Lawinen- und Steinschlaggefahren und die Mittel zu ihrer Bekämpfung, Erfahrungen am Arlberg. F 1915, S. 46.
37. Offer: Min.-Rat Prof. v. Wang und die Wildbachverbauung in Österreich. Z 1918, S. 514, 523.
38. Strele: Zur Geschichte der Wildbachverbauung. Wasserkraft u. Wasserwirtschaft (München) 1935, S. 185.
39. Strele: 50 Jahre Erfahrungen bei der Wildbachverbauung in Österreich. Wasserkraft u. Wasserwirtschaft (München) 1936, S. 61, 77.
40. Strele: Die wirtschaftliche Bedeutung der Wildbachverbauung. WW 1937, S. 188.

V. Anmerkung.

Flußbau und Geologie.

Stini: Die Muren, Innsbruck 1910.
Stini: Bewegungen der Erdkruste und Wasserbau, WW 1926, S. 179, 202, 232, 286, 479, 529.
Strele: Die Geschiebequellen der Bäche und Flüsse, Schweizerische Bauzeitung 1932, S. 229, 247.

Flußbau und Hydrologie.

Schaffernak: Die Entwicklung der Hydrologie als wissenschaftliche Grundlage des Wasserbaues, Z 1929, S. 501.

Flußbau und Kraftanlagen.

Stini: Wasserkraftausnützung und Schlammstofführung der Gewässer, WW 1923, S. 152, 169.

Schaffernak: Die Wirkungen des Ausbaues von Großwasserkraftanlagen auf das Flußregime, WW 1924, S. 259, 274.

Schaffernak: Der Einfluß der Koppelung von Flußsystemen auf das Geschieberegime, WW 1930, S. 314.

Putzinger: Wasserkraftnutzung und Geschiebeführung, Die Wasserkraft (München) 1922, S. 310.

Hofbauer: Über Geschiebebewegung und deren wirtschaftliche Bedeutung für Wasserkraftanlagen, Wo 1918, S. 105.

Lebende Verbauung.

Keller: Die bautechnische Anwendung und Durchführung der lebenden Verbauung, WW 1937, S. 6.

Manzsche Buchdruckerei, Wien IX.